평범한 수학,
별의별 해답

기상천외한 해답이 만발하는
수학 마니아들의 유쾌한 수학 대회!

평범한 수학,
별의별 해답

+ − × ÷

수학을 사랑하는 모임(잇군) 지음
점장 구성 ★ 이정현 옮김

'수학을 사랑하는 모임'이 뽑은
기발한 해답들!

시그마북스
Sigma Books

평범한 수학, 별의별 해답

발행일 2022년 5월 16일 초판 1쇄 발행
지은이 수학을 사랑하는 모임(회장 잇군)
구 성 점장
옮긴이 이정현
발행인 강학경
발행처 시그마북스
마케팅 정제용
에디터 신영선, 최연정, 최윤정
디자인 강경희, 김문배

등록번호 제10-965호
주소 서울특별시 영등포구 양평로 22길 21 선유도코오롱디지털타워 A402호
전자우편 sigmabooks@spress.co.kr
홈페이지 http://www.sigmabooks.co.kr
전화 (02) 2062-5288~9
팩시밀리 (02) 323-4197
ISBN 979-11-6862-036-0 (03410)

デザイン 角倉織音 (OCTAVE)
イラスト STUDY 優作
図版 甲斐麻里恵
校正 宮本和直, 有限会社四月社, 株式会社鷗来堂
DTP 株式会社フォレスト

SUGAKU CLUSTER GA ATSUMATTE HONKI DE OGIRI SHITE MITA
© Ikkun 2021
First published in Japan in 2021 by KADOKAWA CORPORATION, Tokyo.
Korean translation rights arranged with KADOKAWA CORPORATION,
Tokyo through AMO AGENCY.

반갑습니다, 여러분! 작가인 '점장'이라고 합니다. 이렇게 갑자기 찾아온 이유는 '어떤 의뢰'를 받았기 때문입니다.

저는 웹 미디어에 글을 쓰는 작가이자 오기리(大喜利)도 열고 학생들을 가르치기도 하는 사람입니다.

오기리란 일본에서 만담 공연이 끝난 후에 진행되는 코너로, 사회자나 관객이 주제를 제시하면 출연자들이 각자 재치 있는 답변을 내놓는 것을 말하죠.

그런 저에게 어느 날 출판사에서 이런 연락이 왔습니다.

◆ 수학을 너무나도 좋아하는 사람들이 모인 이상한 집단이 있다고 한다.

◆ 그 집단은 뛰어난 창의력을 발휘해, 수학과 오기리를 접목한 대회를 여는 모양이다.

◆ 어떤 세계인지 알아봐 줄 수 있는가?

…라는 의뢰였습니다.

수학을 주제로 하는 대회? 수학이라면 방정식이니 도형이니 하는, 학교에서 배우는 그 수학? 그걸로 대회를 연다고…?

도대체 어떻게 된 일이지?

혹시 위험한 집단은 아닐까?

그렇게 혼자서 생각해본들 시원한 답을 찾기는 어려워서 당사자에게 직접 물어보기로 했습니다.

잇군

안녕하세요!
'수학을 사랑하는 모임' 회장인 잇군이라고 합니다.
반갑습니다!

제가 듣기로는…,
'수학을 가지고 재미있게 노는 무시무시한 모임'을
하고 계시다고요?

점장

잇군

무시무시한 일을 하지는 않아요(웃음). 제 주변에는 수학을
정말 사랑하는 사람들이 많거든요. '수학 마니아'들이죠.
그 사람들에게 문제를 내면 각자 자신의 수학 지식을 총동
원해 재미있는 해답을 보내온답니다. 그러다 보니 수학 대
회 같은 모양새가 되었죠.

네? 잠깐만요.
수학 문제의 답은 하나잖아요?
그럼 대회처럼 겨룰 수 없는 것 아닌가요?

점장

잇군

아하, 점장님은
'수학 문제의 답은 하나뿐'이라고
생각하시는군요?

아닌가요?

점장

잇군

자, 그럼 예를 들어볼게요!
케이크를 잘랐는데 크기가 서로 달라서 난처했던 경험이 있으시죠? 그럼 케이크 조각 때문에 다투지 않도록 케이크를 똑같이 3등분하려면 어떻게 해야 할까요?

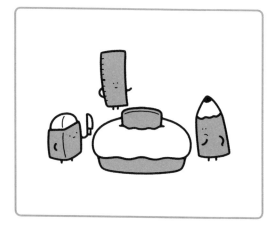

음, 케이크는 360°인 원형이잖아요.
3등분하려면 360°÷3 = 120°씩 자르면 되겠네요.

점장

잇군

네, 그것도 한 가지 방법이네요!
근데 수학 마니아들이 이 문제에 손을 대면,

잇군

이런 모양이나,

앗?!
점장

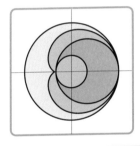

잇군

이런 모양을 해답으로 보내온답니다!

이, 이게 정말 3등분인가요?!
점장

잇군

그럼요! 물론 어떤 방법이든 수학적인
근거도 확실하고요.

그렇군요. 수학적 지식이 있으니까 가능한 해
답이네요! 어떻게 이런 생각을 해낼 수 있는 건
지… 분명 굉장한 창의력으로…앗!

점장

잇군

눈치채셨나요? 수학 지식을 활용해 주어진 문
제에 자신만의 해답을 만들어내는 것, 그게 바로
수학 대회예요!

그런 거였군요! 해답을 보니까
이해가 돼요.

점장

잇군

해답이 무수히 많은 수학의 즐거움이 무엇인지 느낌이 왔다면,
다른 해법도 궁금하지 않나요?

정말 궁금해요!

점장

이렇게 이 책이 시작되었습니다.

이 책은 '케이크를 3등분하라', '지구의 지름을 구하라'처럼 '수학을 사랑하는 모임'이 트위터에 낸 문제를 보고 수학 마니아들이 제출한 답 중에서 훌륭한 해법들을 엄선해 실었습니다. 이 책을 위해 회장인 잇군이 쓴 글도 담았고요.

이 책의 구성을 함께 고민한 저도, 재치 있는 답변에 소리 내어 웃기도 하고 대단히 멋진 답변에 놀라기도 했습니다.

정말 엄청난 수준의 '수학 대회'를 즐긴 것이죠.

이 책을 통해 해답이 무수히 많은 수학의 즐거움이 독자 여러분에게 조금이라도 전해질 수 있기를 바랍니다.

그럼 이제 본격적으로 시작해볼까요?

개성 넘치는
수학 마니아들의 세계로
출발합니다!

차례

시작하며 _ 006

이 책의 구성 _ 014

수학 대회 참가 방법 _ 016

문제 1 **케이크를 3등분하라** ······················· 019

문제 2 **시계의 문자판을 디자인하라** ················ 035

문제 3 **지구의 지름을 구하라** ····················· 041

문제 4 **규칙성에 어긋나는 것을 찾아라** ············· 051

문제 5 **하트 모양 그래프를 그려라** ················ 059

문제 6 **답이 1인 문제를 만들어라** ················· 071

        잇균 칼럼 클로소이드 곡선 ················ 080

문제 7 **각을 3등분하라** ························· 081

문제 8 **위대한 정리로 하찮은 사실을 증명하라** ······· 095

문제 9 **원주율을 구하라** ························· 103

문제 10 **일어날 확률이 무리수인 사건을 만들어라** ····························· 113

잇군 칼럼 수학자 이야기 ① 오카 기요시 ····························· 122

문제 11 **정수에 아주 가까운 수를 찾아라** ····························· 123

잇군 칼럼 수학자 이야기 ② 쿠르트 괴델 ····························· 132

문제 12 **'이상한 수학 문제'를 만들어라** ····························· 133

잇군 칼럼 몬티 홀 문제 ····························· 146

문제 13 **1 = 2임을 보여라** ····························· 147

문제 14 **신기한 도형을 찾아라** ····························· 161

문제 15 **만실인 무한 호텔에 빈방을 만들어라** ····························· 169

문제 16 **엄청나게 큰 수를 만들어라** ····························· 179

잇군 칼럼 수학의 거짓말 ····························· 191

마치며 _ 192
감사의 글 _ 194

[이 책의 구성]

이 책은 트위터에서 열린 수학 대회에 도착한 '답'과 수학을 사랑하는 모임 회장인 잇군이 쓴 글로 구성되어 있다.

읽는 법

1 '문제' 페이지를 보고 '답'을 생각해본다.

곧바로 '답'을 보고 싶다면 그대로 페이지를 넘겨도 좋다. 다른 사람의 답을 읽는 것만으로도 수학을 즐길 수 있다.

2 '답' 페이지에는 '답(해법)'과 해설을 실었다. 왼쪽 윗부분에는 LEVEL(난이도)을 표시하고, 해법의 제목 아래에는 답을 보내준 작성자의 트위터 계정이나 해답과 관련된 이론을 발견한 사람의 이름을 표기해두었다. '@유명한 문제'란 수학계에서 유명하거나 역사가 깊거나 정리로 전해지는 답이다(트위터로 받은 답 중에서도 이미 알려진 내용은 이렇게 표시했다). '답'에 대한 회장의 평가와 감상도 실었다. 수학 마니아들의 답이 쇄도하며 흥행한 문제에는 좋아요 수와 리트윗 수도 기록해두었다.

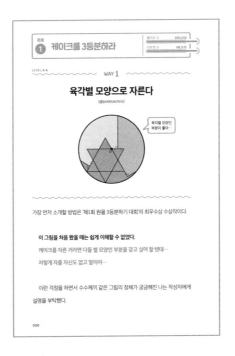

이제 걱정은 접어두고

매력적인 수학의 세계를 마음껏 즐겨보자!

[수학 대회 참가 방법]

수학 대회는 주로 트위터에서 열린다. '수학 선수권'이라고 불리기도 한다.

1 수학을 사랑하는 모임의 트위터 계정은 **@mathlava**다.

http://twitter.com/mathlava

2 수학 대회는 다음 그림처럼 실시된다.

비정기적으로 개최되기 때문에 @mathlava를 팔로우하면 놓치지 않을 수

있다. 트위터뿐만 아니라 유튜브나 디스코드에서도 활동 중이다. 유튜브에

서 회장 잇군의 수업을 보거나 디스코드에서 수학 마니아들과 교류할 수도

있다! 관심 있는 분들은 트위터 프로필에 써둔 URL로 접속해보기 바란다.

수학을 사랑하는 모임
@mathlava

'원을 3등분하기 대회'를 개최합니다

오전 9:09 · 2019년 8월 19일 · Twitter for iPhone

180 리트윗   **12** 인용한 트윗   **480** 좋아요

수학을 사랑하는 모임
@mathlava

【'원을 3등분하기 대회' 수상작】
수학 마니아들에게 케이크를 자르게 하면 이런 일이 벌어진다

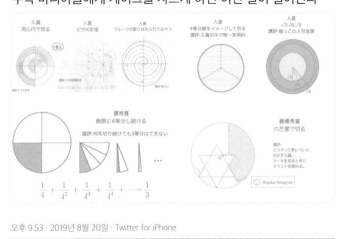

오후 9:53 · 2019년 8월 20일 · Twitter for iPhone

6.8만 리트윗   **1,898** 인용한 트윗   **16.2만** 좋아요

수학 대회에 참가하지 않더라도 트위터에서 **@mathlava**를 태그해 글을 올리면

회장이 발견할 수도 있다. 더불어 이 책에 대한 감상과 의견도 기다리고 있겠다.

- 이 책에 기재된 내용은 2021년 6월 시점의 정보다.
  트위터 계정, URL, 해시태그는 예고 없이 변경될 수 있다.
- 이 책에 나온 회사명, 상품명, 제품명은 일반적으로 각 회사의 등록 상표다. ®, ™ 마크는 붙이지 않았다.
- 가능한 한 정확하게 기술하려고 노력했으나, 이 책의 내용을 바탕으로 얻은 결과에 대해서 저자와 주식회사 KADOKAWA, 그리고 시그마북스는 책임지지 않는다는 점을 유의하기 바란다.

케이크를 3등분하라

케이크 하나를 두고 빙 둘러싼 세 사람. 공평하게 3등분하지 않으면 싸움으로 번질 위험
이 있다. 어떻게 나누는 게 좋을까?
이러한 문제를 마주한 경험은 누구나 한 번쯤 있을 것이다.
나 역시 초등학교 수학 수업 시간에 이 문제를 만났다.
당시에 선생님은 큰 자와 컴퍼스를 이용해 그림을 그리고는 "이렇게 하면 360°÷3＝120°
씩 나눌 수 있어요"라고 설명해주었다.
그런데 정말로 해법은 그것 하나뿐일까?
그렇지 않다. 더 좋은 방법이 얼마든지 있다. 이제부터 수학 지식을 총동원해 찾아낸. 원을
분할하는 멋진 방법들을 소개하겠다.

LEVEL ★★

WAY 1

육각별 모양으로 자른다

(@potetoichiro)

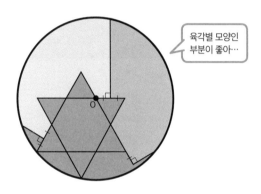

육각별 모양인
부분이 좋아…

가장 먼저 소개할 방법은 '제1회 원을 3등분하기 대회'의 최우수상 수상작이다.

이 그림을 처음 봤을 때는 쉽게 이해할 수 없었다.

케이크를 자른 거라면 다들 별 모양인 부분을 갖고 싶어 할 텐데…

저렇게 자를 자신도 없고 말이야…

이런 걱정을 하면서 수수께끼 같은 그림의 정체가 궁금해진 나는 작성자에게

설명을 부탁했다.

이 해법을 이해한 순간 느꼈던 쾌감은 잊을 수 없다.

이제부터 자르는 방법을 살펴보자.

아래 그림과 같이, **원을 작은 정삼각형 타일로 나눈다.** 그리고 퍼즐을 맞추듯 이 작은 타일 조각을 적절히 선택함으로써 원을 3등분하는 것이다!

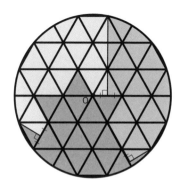

자세히 보면 **세 가지 도형 안에는 같은 모양의 도형이 비슷한 수만큼 들어 있다**는 것을 알 수 있다. 어려운 방법처럼 보이지만, 보조선으로 정삼각형을 그릴 수 있다면 간단한 원리를 이용한 답이라는 사실을 이해할 수 있다.

이 해법을 접한 수학 마니아들은 하나같이 "정말 우아한 방법이야…"라며 입을 모았다. 당신도 이 해법을 보고 아름다움을 느꼈다면, 수학 마니아가 될 만한 자질을 갖추었다고 볼 수 있다.

십이각별 모양으로 자른다

(@potetoichiro)

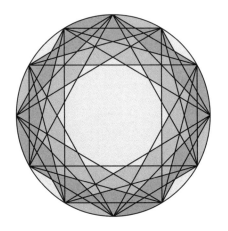

십이각별이라고 불리는, 꼭짓점이 12개인 다각형을 이용한 방법이다.

이 그림을 처음 보았을 때 나도 모르게 '정말 아름다워…'라는 감탄이 터져 나왔다. 십이각별은 아주 오래전부터 영적 상징으로 여겨졌고, 보는 사람으로 하여금 빨려 들어갈 듯한 아름다움을 느끼게 했던 것으로 전해진다.

만약 이 그림을 보고 아름답다고 느꼈다면 당신에게도 과거로부터 이어져 내려온 영적 감성이 깃들어 있는 것인지도 모른다.

실제로 얼마나 자르기 쉬운 방법인가에 대한 고민은 뒤로 한 채, 수학적인 아름다움에만 집중하는 태도. 나도 그런 자세를 배우고 싶다.

WAY 2

조각을 재배열한 후에 자른다

(@tanishi_0)

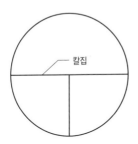

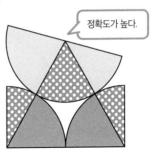

정확도가 높다.

먼저 위의 왼쪽 그림과 같이 원 위에 T자로 칼집을 낸 후 자른다.

원이 부채꼴 3개로 나누어지면 그것을 위의 오른쪽 그림처럼 배열하고 나서 정삼각형으로 칼집을 내고 자른다.

그러면 ■는 $60 + 60 = 120°$, ▦는 $60 + 30 + 30 = 120°$, □는 $180 - 60 = 120°$가 되므로 정확히 3등분된다. 다시 한 번 처음 모양으로 배열해 3등분 되었다는 사실을 확인해보자.

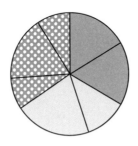

이렇듯 눈대중으로도 꽤 정확하게 케이크를 자를 수 있다.

사람들 앞에서 이 방법을 사용하면 인기를 끌 수 있을 것이다!

지름을 4등분한 선을 떠올린다

(@asunokibou)

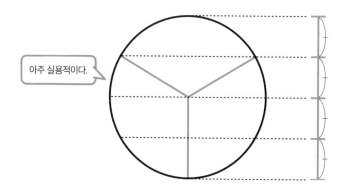

참 이상하게도 인간의 뇌는 도형을 절반으로 나누는 것은 잘하지만 3등분된 이미지를 바로 떠올리지는 못한다.

따라서 3등분보다는 '반의반'인 4등분을 생각하는 것이 더 쉽다.

이번 방법에서는 원의 지름을 4등분한 선을 머릿속에 그려봄으로써 쉽고 정확하게 3등분할 수 있다.

다음 그림을 보자.

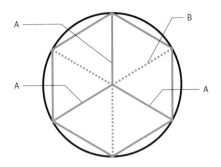

위의 그림처럼 보조선을 이용해 원에 내접한 정육각형을 그려보자. 그러면 선 A를 따라서 잘랐을 때 3등분이 된다.

또한 선 A와 점선 B로 이루어진 삼각형은 모두 정삼각형이므로 파란 선의 길이는 모두 같다.

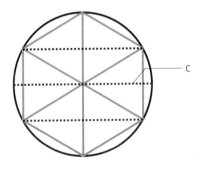

이제 검정색 점선 C와 같이 정삼각형의 꼭짓점에서 대변에 수선을 내리면 밑변은 2등분된다. 이때 점선 C는 원의 지름을 4등분한 점과 만난다.

이 방법은 평범해 보이지만 결과에 도달하는 과정이 매우 흥미롭다. 실용적이고 따라 하기 쉽다는 것 또한 장점이다.

카디오이드로 자른다

(@Yugemaku)

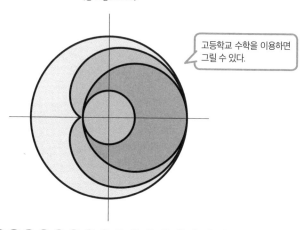

이 하트 모양 곡선은 **카디오이드**라고 하며, 그리스어로 **'심장형'**이라는 뜻이다.

카디오이드는 같은 크기의 원 2개로 그릴 수 있다. 10원짜리 동전을 이용해 작도

해보자!

한 원의 둘레를 따라서 같은 크기의 원을 미끄러지지 않게 굴리면, 굴러가는

동전의 원주 위의 한 점이 카디오이드의 궤적을 그린다.

[한 원의 둘레를 따라서]

1
아래쪽 10원짜리 동전은
움직이지 않는다!

2
미끄러지지 않도록 조금씩
굴리고 점을 찍는다!

3
반복한다!

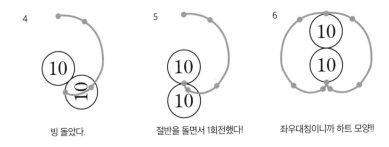

4	5	6
빙 돌았다.	절반을 돌면서 1회전했다!	좌우대칭이니까 하트 모양!!

※ 10원짜리 동전 A가 10원짜리 동전 B의 둘레를 미끄러지지 않게 굴러갈 때, 동전 B를 한 바퀴 도는 동안에 동전 A는 2회전한다.

10원짜리 동전의 지름을 a라고 하면 카디오이드의 넓이는 $\frac{3}{2}\pi a^2$이다. 10원짜리 동전의 넓이는 $\frac{1}{4}\pi a^2$이므로, 넓이비는 $\frac{1}{4} : \frac{3}{2}$ $= 1:6$이 된다.

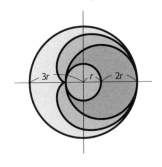

이 방법에서는 세 원의 반지름이 $1:2:3$의 비율을 이룬다. 넓이비는 닮음비(길이의 비)의 제곱이므로, $1^2 : 2^2 : 3^2 = 1:4:9$다. 앞서 가장 작은 원과 카디오이드의 넓이비는 $1:6$이라고 했다.

따라서 색깔별 넓이비는,

$$\blacksquare : \blacksquare : \square = (6-4+1):(4-1):(9-6) = 3:3:3$$

이 되므로 원이 3등분되었다는 사실을 확인할 수 있다.

WAY **5**

동심원으로 자른다

(@dannchu)

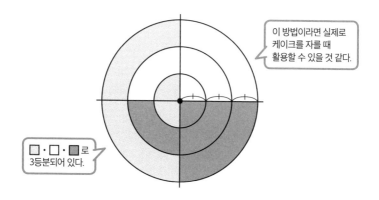

이 방법이라면 실제로 케이크를 자를 때 활용할 수 있을 것 같다.

☐·☐·■로 3등분되어 있다.

중심이 같은 세 원으로 자른 후에 十자로 잘라서 만들어진 조각을 잘 선택함으로써 3등분할 수 있다.

원의 반지름의 비는 1:2:3이다.

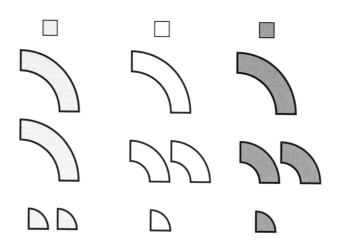

조각의 종류는 안쪽에서부터 소·중·대, 세 가지라는 것을 알 수 있다.

각 조각의 개수는 앞 페이지의 그림과 같다. 각 색깔의 총 넓이가 같다면, '대 + 소 = 중 × 2'가 성립할 것이다. 실제로 그런지 확인해보자.

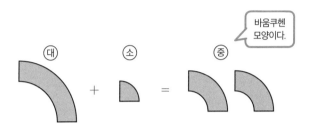

세 원의 반지름의 비는 $1:2:3$이므로 넓이비는 그것을 제곱한 $1:4:9$가 된다. 따라서 각 조각의 넓이비는

$$소:중:대 = 1:(4-1):(9-4) = 1:3:5$$

이므로,

$$(대+소):(중×2) = (5+1):(3×2) = 6:6 = 1:1$$

이다. 따라서 '대 + 소 = 중 × 2'가 성립하므로 3등분되었다는 것을 보여줄 수 있다.

피자 정리를 활용한다

(@aburi_roll_cake)

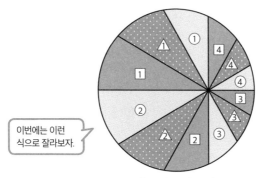

이번에는 이런
식으로 잘라보자.

①＋②＋③＋④ ＝ ⚠＋⚠＋⚠＋⚠ ＝ ①＋②＋③＋④

먼저 원 안의 적당한 곳에 점을 찍는다. 그리고 그 점을 지나가도록 하면서 조각의 각도가 30°가 되도록 자른다. 조각을 2개씩 간격을 두고 분류하면… 이럴 수가! 완벽하게 3등분된다.

이 방법은 **피자 정리**를 응용한 것이다.

90° ÷ 2 = 45°씩 자르기 ➡ 2등분

90° ÷ 3 = 30°씩 자르기 ➡ 3등분

90° ÷ 5 = 18°씩 자르기 ➡ 5등분

위와 같이 (90 ÷ 인원 수)°씩 자르면 사람 수에 맞게 등분할 수 있다. **임의의 인원 수에 대응할 수 있으므로 매우 활용하기 좋은 방법이라 할 수 있다!**

WAY 7

4등분을 무한히 반복한다

(@IK27562928)

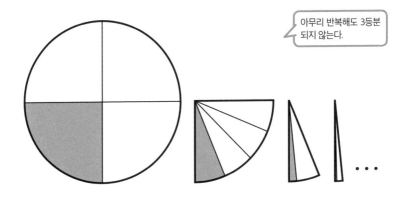

아무리 반복해도 3등분
되지 않는다.

케이크를 영원히 4등분해 그것을 모으면 3등분이 된다는 아이디어다.

아주 흥미로운 생각이지만 여기에는 한 가지 큰 결점이 있다.

4등분을 무한히 반복하면 3등분에 한없이 가까워지기는 하지만, 완전한 3등분에는 영원히 도달할 수 없다는 점이다.

하지만 실제로 이 방법을 활용해 케이크를 잘라보면 칼에 빵이나 크림이 묻어서 오차가 생기기 때문에 세 번째 4등분 정도가 되면 '거의 3등분'이 된다. 케이크 쟁탈전이 일어나지 않을 정도로 정확하게 나눌 수 있으므로 꼭 시도해보기 바란다.

그렇다면 왜 무한히 4등분하면 3등분이 되는 것일까?

케이크의 크기를 1이라고 하면 첫 번째 4등분에서는 크기가 $\frac{1}{4}$인 조각이 만들어진다. 두 번째 4등분은 4등분한 조각을 또 4등분하므로 크기가 $\frac{1}{4} \times \frac{1}{4} = \frac{1}{4^2}$인 조각이 만들어진다. 마찬가지로 세 번째 4등분으로 만들어진 조각의 크기는 $\frac{1}{4^3}$, 네 번째 4등분으로 만들어진 조각의 크기는 $\frac{1}{4^4}$, n번째 4등분으로 만들어진 조각의 크기는 $\frac{1}{4^n}$이다. n을 무한히 크게 해 만들어진 조각들을 모두 더하면 놀랍게도 $\frac{1}{3}$에 한없이 가까워진다.

이를 수식으로 나타내면 다음과 같다.

$$\frac{1}{4} + \frac{1}{4^2} + \frac{1}{4^3} + \frac{1}{4^4} + \frac{1}{4^5} + \frac{1}{4^6} + \cdots = \frac{1}{3}$$

이렇게 4분의 1의 거듭제곱(n승)을 모두 더하는 식을 **첫째 항이 $\frac{1}{4}$이고 공비가 $\frac{1}{4}$인 무한 등비급수**라고 한다.

이 식이 성립한다는 것을 시각적으로 확인해보자.

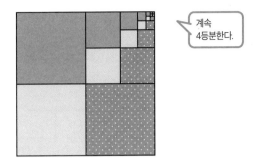

계속 4등분한다.

정사각형을 4등분하고, 작은 정사각형을 다시 4등분하고… 이를 반복한다.

색깔별 합계는 전체의 $\frac{1}{3}$ 이라는 것이 직감적으로 이해될 것이다.

참고로 정삼각형에서도 이와 같은 설명을 할 수 있다.

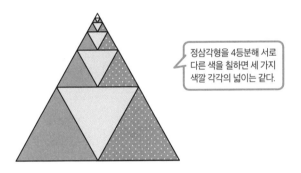

정삼각형을 4등분해 서로 다른 색을 칠하면 세 가지 색깔 각각의 넓이는 같다.

정삼각형을 계속 4등분하고, 세 가지 색으로 구분해 칠한다. 각 색깔의 넓이는 같으므로 3등분되었다는 것을 알 수 있다.

이렇게 그림이나 짧은 수식으로 증명하는 방식을 '**그림으로 증명하기**(proof without words)'라 부르기도 한다. 그림으로 이루어진 증명은 뛰어난 아름다움으로 수학 마니아들의 사랑을 한 몸에 받는다.

'円 (원)'의 3등분

(@KaDi_nazo)

> 이것도 엄연히 '원의 3등분'이다.

케이크 같은 원은 아니지만, **한자 '円'을 3등분하는 방법**이므로 소개하겠다. 위의 그림과 같이 한자 円은 T자 3개로 나눌 수 있다.

사실 T자로 나눌 수 있는 한자는 円 말고도 더 있다.

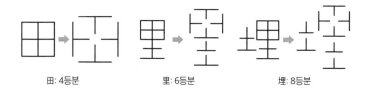

田: 4등분　　　里: 6등분　　　埋: 8등분

금방 떠오르는 것만 해도 이 정도다. 책받침(辶)처럼 구부러지거나 불화 발(灬)처럼 띄엄띄엄 놓인 부수가 없다는 점이 핵심이다. T자로 나눌 수 있는 한자는 무궁무진하므로 관심 있는 사람은 한자 사전에서 찾아보기 바란다.

만약 '円' 모양의 케이크가 등장한다면 틀림없이 그 자리에서 주인공이 될 수 있을 것이다!

---

* 둥글 원(圓)의 약자-옮긴이

시계의 문자판을 디자인하라

우리 주변에서 흔히 볼 수 있는 아날로그 시계에는 1부터 12까지 숫자가 쓰여 있다.
그런데 1부터 12를 나타내는 식은 이 세상에 수없이 넘쳐난다.
지금부터 수학 마니아답게 평범한 숫자가 아니라 기발한 방식의 숫자 표현으로 문자판을
디자인해보자.

문제 2 시계의 문자판을 디자인하라

WAY 1

등식으로 잇는 문자판

(@potetoichiro)

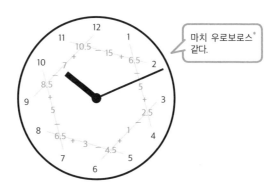

마치 우로보로스* 같다.

수가 조금이라도 잘못 배열되면 안 된다. 쉬워 보이지만 굉장한 기술을 요한다.

1과 4를 잇는 수는 $6.5 - 5 + 2.5$로, 뒤에서부터 읽으면 결과가 바뀐다.

$$2.5 + 5 - 6.5 = 1 \qquad 6.5 - 5 + 2.5 = 4$$

여기서 사용된 숫자는 다음 식에서도 쓰인다.

$$4.5 + 1 - 2.5 = 3 \qquad 2.5 - 1 + 4.5 = 6$$

이해하기는 쉽지만 알맞은 숫자를 생각해내는 것은 매우 어려운 디자인이다.

---

* 자신의 꼬리를 물어서 원을 만드는 뱀을 가리키는 말로 무한을 상징-옮긴이

6321 활용하기

(@StandeeCock)

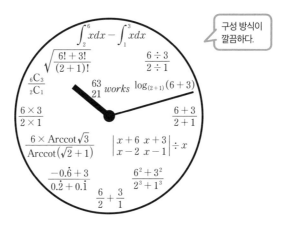

구성 방식이
깔끔하다.

1부터 12까지의 숫자를 6, 3, 2, 1만 사용해 나타냈다. 가능한 한 $\begin{smallmatrix} 6 & 3 \\ 2 & 1 \end{smallmatrix}$ 형태로 배열되도록 식을 조정했다.

왜 6, 3, 2, 1을 선택한 것인지는 알 수 없다.

다만 $\tan x$의 역수의 역함수인 $\mathrm{Arccot}\, x$나 행렬식, 적분 등을 사용한 것을 보면 작성자가 범상치 않은 인물이라는 것이 강렬하게 느껴진다.

이런 시계를 집에 걸어두면 문과생 친구들을 찍소리도 못하게 만들 수 있다.

mod를 사용한다

(@arith_rose)

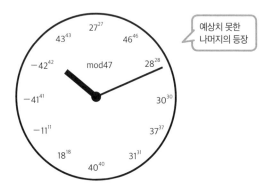

$a \bmod b$ 란 a 를 b 로 나누었을 때의 나머지를 뜻한다.

m^m 을 어떤 수로 나누었을 때의 나머지가 $\bmod n$ 으로, 1부터 12까지의 정수를 나타내는 정수 쌍을 찾는 것은 끈기 있게 계산하는 과정이 필요하므로⋯

무척이나 어려운 일이다.

아무래도 작성자는 엄청난 정신력의 소유자인 모양이다.

이 시계는 바라보는 것만으로도 재미있지만 하나 정도는 계산해보자.

1시는 페르마의 소정리를 활용하면 바로 계산할 수 있다.

p를 소수, a를 p의 배수가 아닌 정수라고 하면,

$$a^{p-1} \equiv 1 (\bmod p)$$

가 성립한다.

페르마의 소정리에 따라

$$46^{46} \equiv 46^{47-1} \equiv 1 (\bmod 47)$$

이다. 1시 이후의 숫자는 계산하기가 더욱 어렵기 때문에 계산에 자신 있는 사람은 실력을 확인할 겸 도전해보기 바란다.

컴퓨터를 이용하는 것도 좋은 방법이다.

로마 숫자 모양의 그래프를 만든다

(@con_malinconia)

완성도가 뛰어나다.

k 값에 따라서 서로 다른 로마 숫자 모양의 그래프가 되는 함수. 이 함수 하나로 시계 문자판의 모든 숫자를 표현했다.

어떻게 이런 방식을 생각해낼 수 있었는지 놀라울 따름이다.

머리가 너무 좋으면서도 나쁘기에 만들어낼 수 있는 천재의 작품이다.

식이 너무 어려워서 이해가 되지는 않는다.

$$\left(\left\lfloor\frac{11}{k^2-12k+42}\right\rfloor(4x+y)+8k-28\right)\left(\left\lfloor\frac{11}{k^2-12k+42}\right\rfloor(4x-y)+8k-52\right)$$

$$\left(\left\lfloor\frac{11}{k^2-22k+127}\right\rfloor(2x+y)+4k-40\right)\left(\left\lfloor\frac{11}{k^2-22k+127}\right\rfloor(2x-y)+4k-40\right)$$

$$\left(\sin\left(\frac{\pi}{4}\left(x+2\left\lfloor\frac{k-4}{5}\right\rfloor-2k\right)\right)^{12}+\left\lfloor1-\frac{k}{5}+\left\lfloor\frac{k}{5}\right\rfloor\right\rfloor+\left\lfloor\left\lfloor e^{k-4}\right\rfloor+\left\lfloor\frac{-x^2+10k-8}{23}\right\rfloor\right\rfloor^2\right)$$

$$\left(\left\lfloor e^{-k+3}\right\rfloor+\left\lfloor\frac{1}{86400}\left(-\frac{5}{3}\left(k-5\left\lfloor\frac{k}{5}\right\rfloor-2\right)^3-\frac{1}{3}\left(k-5\left\lfloor\frac{k}{5}\right\rfloor-2\right)-x+5\right)\right.\right.$$

$$\left.\left.\left(x-\frac{1}{2}\left(k-5\left\lfloor\frac{k+1}{5}\right\rfloor-2\right)^3-\frac{3}{2}\left(k-5\left\lfloor\frac{k+1}{5}\right\rfloor-2\right)-11\right)\right\rfloor^2\right)\right)=0\,(|y|\le12)$$

지구의 지름을 구하라

과거에는 '지구는 평평하다'라고 믿었고, 콜럼버스가 대서양을 횡단하던 시절에도 '대서양의 끝은 낭떠러지'라고 믿는 사람이 대부분이었다.

지금이야 바다 끝은 낭떠러지가 아니고 지구는 둥글다는 것을 누구나 알고 있다. 지평선을 봄으로써 지구가 둥글다는 사실을 확인할 수도 있다.

그렇다면 당신은 지구의 지름을 알고 있는가? 자신이 살고 있는 별인 만큼 알아두는 편이 좋을 것이다. 그렇다고 자신보다 훨씬 큰 지구의 크기를 자로 잴 수는 없다. 이럴 때가 바로 수학이 나설 차례다. 수학의 힘을 활용해 지구의 지름을 구해보자!

※ 단, 지구는 완전한 구라고 가정하자.

문제
③ 지구의 지름을 구하라

LEVEL ★

WAY 1

비커를 사용한다

(@Natootoki)

지구보다 큰 비커를 준비한다.

거기에 물을 가득 채운 후 지구를 넣는다. 넘쳐흐른 물의 부피를 측정하고, $V = \frac{4}{3}\pi r^3$을 이용해 지름 $2r$을 구한다.

엄청난 규모의 해답이다.

이 방법을 실행에 옮긴다면 전 세계의 도시가 물에 잠겨 한 번에 모든 인류가 멸망할 것이다.

그리고 지구보다 큰 비커는 어디서 구한단 말인가! 만약 비커 같은 도구와 일정한 중력장이 갖춰지더라도 만유인력의 영향으로 정확하게 측정하지는 못할 가능성이 있다.

하지만 이 방법은 지구보다 훨씬 작은 물건을 측정하는 데는 충분히 활용할 수 있다!

목욕물을 가득 채운 욕조에 들어가서 머리까지 모두 잠기도록 해보자.

인간처럼 복잡한 형태를 물에 넣음으로써 부피를 측정하기 쉽게 만드는 것이 핵심이다. 넘쳐흐른 물의 부피 = 당신의 부피가 되는 것이다.

여담이지만, 유명한 수학자 아르키메데스는 목욕탕에 들어가자 물이 넘치는 것을 보고 부력을 발견했다. 부력을 발견한 순간 "알아냈다, 알아냈어!(유레카)"라고 외치며 옷 입는 것도 잊은 채 밖으로 뛰쳐나갔다는 일화는 유명하다.

아는 수학자에게 들은 이야기인데 **목욕탕, 화장실, 이불 속은 뇌가 긴장을 풀수 있는 곳이기 때문에 아이디어를 떠올리기 쉬운 장소라고 한다.** 데카르트는 아침에 침대에 누워 격자무늬의 천장에 붙어 있는 파리를 보고 좌표를 발견했고, 독일의 통계학자 토머스 로옌은 2017년 양치질을 하다가 가우스 상관 부등식을 증명했다.

생각이 많아 괴로울 때는 책상 앞에만 앉아 있지 말고, 욕조에 몸을 담그는 등 다른 일을 하면 해결의 실마리를 찾을 수 있을지도 모른다.

WAY 2

충격파를 이용해 계산한다

(@pythagoratos)

엄청나게 큰 폭발을 일으켜서 그때 발생한 충격파가 지구를 한 바퀴 도는 데 걸리는 시간을 잰다. 충격파가 전해지는 속도와 측정한 시간으로부터 지구 한 바퀴의 길이를 계산한다. 그리고 길이를 π로 나누어 지름을 구한다.

그렇게 인류는 멸망하고 말았다.

이 방법의 수학적인 핵심은 지구를 도는 동안에 충격파의 속도가 점점 느려진다는 점이다.

만약 정해진 규칙에 따라 속도가 느려지는 것이라면 속도를 여러 번 측정함으로써 감속까지 고려한 충격파의 속도를 식으로 나타낼 수 있다.

실제로 인류가 일으킨 역사상 최대의 폭발은 1961년 구소련이 실행한 수소폭탄 실험인 '차르 봄바'다. 그때 발생한 충격파는 지구를 무려 세 바퀴나 돌았다고 전해진다.

하지만 지구의 지름이 아무리 궁금하더라도 이 방법을 실행하는 일은 없길 바란다.

수학은 전쟁이 아니라 평화와 즐거움을 위해 쓰여야 하기 때문이다.

WAY 3

등대 꼭대기에서 구한다

(@rusa611)

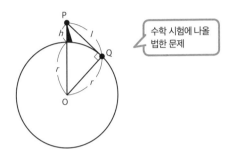

수학 시험에 나올
법한 문제

높이가 h인 등대가 있다고 하자. 그리고 등대 꼭대기 P에서 볼 수 있는 가장 먼 지점을 Q, PQ의 길이를 l이라고 하자. 높이 h는 실제로 잴 수 있다. 그리고 PQ의 길이는 등대 아래쪽에서 Q까지의 호의 길이에 가깝다고 볼 수 있다. 따라서 등대 아래쪽에서 일정한 속도로 나아가는 배를 출발시키고 나서 시야에서 배가 사라질 때까지의 시간을 재면 Q까지의 거리를 구할 수 있다. 직선 PQ는 원의 접선이므로 PQ는 QO와 수직이다.

따라서 삼각형 OPQ는 직각삼각형이 되므로 피타고라스의 정리에 따라

$$(h+r)^2 = l^2 + r^2$$

이 성립된다. 이 식에 실제로 측정한 h와 l을 대입해 컴퓨터로 계산함으로써 지구의 지름 $2r$을 구할 수 있다.

반대로, 옛날 사람들은 땅 위에서는 보이지 않던 배가 등대 위에 올라가면 보인다는 사실을 바탕으로 '지구는 둥근 것 아닐까' 하고 생각했다고 한다.

터널을 만든다

(@828sui)

땅 위의 어떤 지점에서 수평면과 적당한 각도를 이루며 비스듬히 아래쪽을 향해 터널을 판다. 일직선인 이 터널의 입구와 출구까지의 거리를 l 이라 하고 터널의 기울기 θ 를 측정한다.

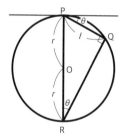

그리고 위의 그림처럼 보조선을 그리면 접현 정리에 의해 $\angle PRQ = \theta$ 이고, 원주각의 성질에 의하면 $\angle PQR = \dfrac{\pi}{2}$ 이므로 $2r = \dfrac{l}{\sin\theta}$ 이 성립한다. 이 식에 측정해둔 θ 와 l 을 대입해 지구의 지름 $2r$ 을 구한다.

참고로 세계에서 가장 깊은 인공 구멍은 러시아 북서부의 콜라 반도에 있는데, 깊이는 약 12km라고 한다.

WAY 5

평행선의 엇각을 활용한다

(@biophysilogy)

지금으로부터 2200년 이상 전에 살았던 그리스 수학자 **에라토스테네스**는 세계 최초로 지구의 지름을 측정한 사람으로 알려져 있다.

에라토스테네스가 이용한 것은 하짓날 태양의 각도였다.

에라토스테네스는 하짓날 정오에 태양광이 깊은 우물의 밑바닥까지 비춘다는 것을 알았다. 즉 하짓날 정오에는 태양이 시에네 바로 위에 있었던 것이다. 그리고 같은 시간, 시에네에서 북쪽

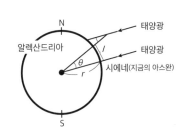

으로 925km 떨어진 곳에 위치한 알렉산드리아에서 땅 위에 수직으로 막대기를 세웠을 때 생기는 그림자를 보고 태양 광선의 각도에 7.2° 차이가 있다는 것을 발견했다.

위의 그림을 보면 l은 925km, θ는 7.2°다. 원 한 바퀴는 360°이므로 그것을 바탕으로 지구의 둘레를 계산한 것이다. 그리고 둘레를 알면 지름도 구할 수 있다.

에라토스테네스가 당시의 기술 수준에 비해 정확도 높은 결과를 얻었다는 것은 매우 놀라운 일인데, 더욱 대단한 점은 기원전임에도 불구하고 지구가 둥글다는 사실을 알고 있었다는 것이다. 지구가 둥글다는 사실을 밝혀낸 마젤란의 세계 일주 항해는 에라토스테네스가 지구의 둘레를 계산한 후 무려 1800년이나 지난 후의 일이다.

에라토스테네스는 시간 여행자이기라도 했던 것일까?

모델을 통해 추정한다

(@Arrow_Dropout)

지구와 매우 비슷한 가상의 행성을 만들고, 그것에 대해 생각해봄으로써 지구의 지름을 구하는 방법이다. 물리학에서 주로 활용되는 방법으로 '모델링'이라고 한 다. 지금부터 소개할 모델은 대담하면서도 오차 3%라는 놀랄 만한 정확도를 자 랑한다.

[모델]

지구의 밀도가 표면에서 중심부로 갈수록 점점 커지는 모델을 생각해보자.

반지름이 R인 가상의 지구의 중심부 밀도를 ρ_0, 표면의 밀도를 0이라고 가정 하고, 중심으로 갈수록 밀도는 점점 커진다고 하자.

단, ρ_0은 가장 무거운 금속인 오스뮴의 밀도인 22.59$[\mathrm{g/cm^3}]$라고 하자.

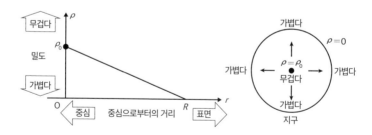

지구 중심에서 r만큼 떨어진 곳의 밀도를 ρ라 하여 그래프를 그리면 위와 같 고 r, ρ, R의 관계는 $\rho = -\dfrac{\rho_0}{R}r + \rho_0$으로 나타낼 수 있다.

이제 지구의 땅속 어떤 깊이에서의 밀도는 정의되었으므로 지구의 무게인 M도 구할 수 있을 것으로 보인다.

적분을 이용해 '어떤 깊이에서의 밀도'를 가지고 '지구 전체 무게'를 계산해보자.

$$M = \int_0^R 4\pi r^2 \cdot \rho\, dr$$
$$= \int_0^R 4\pi r^2 \cdot \left(-\frac{\rho_0}{R}r + \rho_0\right) dr$$
$$= \frac{\rho_0}{3}\pi R^3$$

이렇게 지구 무게 M과 반지름 R의 관계식을 알아냈다. 미지수는 M과 R 두 가지이므로, 무게 M과 반지름 R의 관계식이 하나 더 있다면 연립함으로써 방정식을 풀 수 있을 것이다.

이제 **뉴턴**과 **가우스**의 힘을 빌리자. 만유인력의 법칙과 가우스 법칙에 의해 $M = \dfrac{g}{G}R^2$이 성립한다고 알려져 있다. g는 중력가속도, G는 만유인력 정수로 $g = 9.81[\mathrm{m/s^2}]$, $G = 6.67 \times 10^{-11}[\mathrm{m^3/kg \cdot s^2}]$이다.

이로써 M과 R의 관계식이 2개 준비되었다!

남은 일은 두 식을 합해 R에 관련된 값을 대입하는 것이다.

$$(M=)\ \frac{\rho_0}{3}\pi R^3 = \frac{g}{G}R^2 \text{ 에 의해}$$

$$R = \frac{3g}{\pi\rho_0 G}$$

$$= \frac{3 \times 9.81 \times 10^{11}}{3.14 \times 22.6 \times 10^3 \times 6.67}[\text{m}] = 6220[\text{km}]$$

이다. 따라서 지구의 지름은 $6220 \times 2 = 12440[\text{km}]$이다.

이렇게 수학과 물리를 활용함으로써 책상 앞에 앉아 지구의 지름을 구할 수 있다!

현재 밝혀진 지구의 지름은 12742[km]이므로 오차는 2.4%에 불과하다.

대담하면서도 높은 정확도를 자랑하는, 상당히 흥미로운 모델이다.

문제
4

규칙성에
어긋나는 것을 찾아라

'세상에는 어떤 일정한 규칙이 있고, 세상은 그 규칙에 따라 움직인다.' 대부분의 과학자들은 이렇게 믿고 있다. 중력을 발견한 뉴턴도 지구상의 물체는 모두 지면을 향해 떨어진다는 규칙성(패턴)에 주목했다. 지금도 수학이나 물리학을 배우는 데 있어서 규칙성을 찾는 것은 매우 중요한 일이다. 수학은 규칙성을 발견하는 학문이라고 해도 과언이 아니다. 한편 예로부터 사람들은 규칙성이 없고 쉽게 이해하기 어려운 것에도 매력을 느껴 연구 대상으로 삼았다. 대표적인 예로 소수의 분포를 들 수 있는데, 지금까지도 전 세계 수학자들을 매료시키고 있다.

어떤 규칙을 따르지 않는 것을 그 규칙의 반례라고 한다. 이 장에서는 반례가 있는 규칙들을 소개하겠다.

LEVEL ★

~~~~~~~~~~~~~~~~~~~~ WAY **1** ~~~~~~~~~~~~~~~~~~~~

대부분의 숫자가 반복되는 소수

(@유명한 문제)

다음 수를 하나씩 살펴보자.

31	←	소수
331	←	소수
3331	←	소수
33331	←	소수
333331	←	소수
3333331	←	소수
33333331	←	소수
333333331	←	소수가 아님

~~~~~~

'계속 소수가 나올 것 같다'는 예상이 보기 좋게 빗나갔다.

이어서 계속되는 수를 살펴보자.

3333333331	←	소수가 아님
33333333331	←	소수가 아님
333333333331	←	소수가 아님
3333333333331	←	소수가 아님
33333333333331	←	소수가 아님
333333333333331	←	소수가 아님
3333333333333331	←	소수가 아님
33333333333333331	←	소수가 아님
333333333333333331	←	소수

이번에는 반대로 얼마 동안 합성수(1과 자신 외에도 약수를 가지는 수, 즉 소수가 아닌 수)가 연속으로 등장하더니 다시 소수가 나온다. 그리고 이후에 소수가 되는 것은 40자리 수인 3333333333333333333333333333333333333331로, 꽤 나중의 일이다.

이 수는 대부분의 숫자가 반복되는 소수다.

사실 이러한 특징을 가진 소수에 대해서는 아직 모르는 것이 많고, 333… 3331 형식의 소수가 몇 자리 수에서 또 나타나는지는 2021년 현재까지도 밝혀지지 않았다.

그러한 궁금증은 많은 수학자들을 매료시켰고, 컴퓨터를 사용해 그러한 특징을 가진 소수 중 가능한 한 큰 수를 찾으려고 경쟁하고 있다. 그런 소수가 어디에 도움이 되는지는 차치하더라도…

많은 사람들이 새로운 수를 찾고 있다는 사실은 왠지 낭만적이다.

같은 숫자가 반복되는 소수

(@유명한 문제)

111	←	소수가 아님
1111	←	소수가 아님
11111	←	소수가 아님
111111	←	소수가 아님
1111111	←	소수가 아님
11111111	←	소수가 아님
111111111	←	소수가 아님
1111111111	←	소수가 아님
11111111111	←	소수가 아님
111111111111	←	소수가 아님
1111111111111	←	소수가 아님
11111111111111	←	소수가 아님
111111111111111	←	소수가 아님
1111111111111111	←	소수가 아님
11111111111111111	←	소수가 아님
111111111111111111	←	소수가 아님
1111111111111111111	←	소수

> 같은 숫자가 반복되는 수를 하나씩 살펴보자.

> 1이 19개

'계속 합성수인 건가?' 하고 생각했더니 갑자기 소수가 나온다.

참고로 다음 소수는 23자리 수인 11111111111111111111111이다. 이렇듯 소수이자 모든 자리에 같은 숫자가 반복되는 수가 무한히 존재하는지는 아직 밝혀지지 않았지만, **합성수이자 모든 자리에 같은 숫자가 반복되는 수가 무한히 존**

재한다는 것은 증명되었다. 그리고 다음과 같은 재미있는 정리도 있다.

[정리]

2의 배수나 5의 배수가 아닌 수 중에서 좋아하는 수 n을 몇 번 곱하면 1이 반복되는 수를 만들 수 있다.

예를 들어 좋아하는 수가 13일 때, 13을 8547번 곱하면 $13 \times 8547 = 111111$

예를 들어 좋아하는 수가 41일 때, 41을 271번 곱하면 $41 \times 271 = 11111$

[증명]

$n + 1$개의 수 1, 11, 111, 1111, 11111, …, 111...111(1이 $n + 1$개)을 생각해보자. 이 $n + 1$개의 수 중에는 n으로 나누었을 때의 나머지가 같은 숫자 쌍이 적어도 하나는 있다(비둘기 집 원리[*1]).

그 숫자 쌍에서 큰 수를 a, 작은 수를 b라 하면, $a - b = 111...11100...000 = 111...111 \times 100...000$이 된다. n은 $a - b$를 나머지 없이 나누는데, n이 2의 배수나 5의 배수가 아니면 n은 100...000을 나머지 없이 나누지 않으므로 n은 111...111을 나머지 없이 나눈다.

즉 n을 몇 번 곱함으로써 111...111이 된다.

[*1] 비둘기 집 원리란?

'비둘기 $n+1$마리가 n개의 비둘기 집에 들어가려면 적어도 하나의 비둘기 집에는 두 마리 이상이 들어간다'는 원리. 예를 들어 5층짜리 건물의 엘리베이터에 6명이 타 있고 모든 층의 버튼이 눌려져 있다면 적어도 2명 이상이 내리는 층이 반드시 있다는 뜻이다. 당연한 이야기 같지만 수학의 여러 분야에서 도움이 되는 원리다.

WAY **3**

최대공약수

(@유명한 문제)

$n^{17} + 9$와 $(n + 1)^{17} + 9$의 최대공약수는?

최대공약수란 2개 이상의 수가 공통으로 가지는 약수 중에서 가장 큰 수를 말한다. 그렇다면 $n^{17} + 9 \cdots ①$과 $(n + 1)^{17} + 9 \cdots ②$의 최대공약수는 무엇일까?

먼저 $n = 1$을 대입하면

① $1^{17} + 9 = 1 + 9 = 10$

② $(1 + 1)^{17} + 9 = 131072 + 9 = 131081$

이 되어, 10과 131081의 최대공약수는 1이다.

다음으로 $n = 2$를 대입하면 ①은 131081, ②는 129140172가 되어 이때의 최대공약수도 1이다.

$n = 3, 4, 5$를 계속해서 대입해도 최대공약수는 1이다. '이후에 어떤 수를 대입해도 최대공약수는 1이다!'라고 생각했더니,

$n = 8424432925592889329288197322308900672459420460792433$일 때 **갑자기 최대공약수로 1이 아닌 수가 등장한다.**

이는 컴퓨터로 계산해 밝혀진 사실인데, 그것이 밝혀지기까지 8424432925592889329288197322308900672459420460792432번이나 같은 결과가 나왔다는 것을 생각하면, **규칙성이 배신당한 순간의 충격은 어마어마하다.**

$x^n - 1$의 인수분해

(@유명한 문제)

$$x^2 - 1 = (x-1)(x+1)$$
$$x^3 - 1 = (x-1)(x^2+x+1)$$
$$x^4 - 1 = (x-1)(x+1)(x^2+1)$$
$$x^5 - 1 = (x-1)(x^4+x^3+x^2+x+1)$$

> 계수는 ±1과 0뿐이다!

$$x^6 - 1 = (x-1)(x+1)(x^2+x+1)(x^2-x+1)$$
$$x^7 - 1 = (x-1)(x^6+x^5+x^4+x^3+x^2+x+1)$$
$$\cdots$$

이렇게 $x^n - 1$을 인수분해하면 계수는 1, -1, 0밖에 나오지 않는다고 생각할 수 있다.

하지만 그 법칙성은 $n = 105$일 때 갑자기 깨진다.

$x^{105} - 1 =$

$(x-1)(x^2+x+1)(x^4+x^3+x^2+x+1)(x^6+x^5+x^4+x^3+x^2+x$
$+1)(x^8-x^7+x^5-x^4+x^3-x+1)(x^{12}-x^{11}+x^9-x^8+x^6-x^4+x^3-$
$x+1)(x^{24}-x^{23}+x^{19}-x^{18}+x^{17}-x^{16}+x^{14}-x^{13}+x^{12}-x^{11}+x^{10}-x^8+$
$x^7-x^6+x^5-x+1)(x^{48}+x^{47}+x^{46}-x^{43}-x^{42}\underset{\sim}{-2x^{41}}-x^{40}-x^{39}+x^{36}+$
$x^{35}+x^{34}+x^{33}+x^{32}+x^{31}-x^{28}-x^{26}-x^{24}-x^{22}-x^{20}+x^{17}+x^{16}+x^{15}$
$+x^{14}+x^{13}+x^{12}-x^9-x^8\underset{\sim}{-2x^7}-x^6-x^5+x^2+x+1)$

왜 $n = 105$일 때 갑자기 계수로 -2가 나타나는 것일까? 그것을 알아보기 위해 **원분다항식**이라 불리는 다항식에 대해 생각해볼 필요가 있다.

여기서 자세히 설명하지는 않겠지만, n이 2를 제외한 서로 다른 소수 p, q를 이용해 $n = 2^a \cdot p^b \cdot q^c$과 같이 인수분해될 때, $x^n - 1$을 인수분해했을 때의 계수는 1, 0, -1뿐이라는 것이 알려져 있다. 그리고 105는 2를 제외한 서로 다른 3개의 소수의 곱으로 표현되는 최소 정수다.

$$105 = 3 \times 5 \times 7$$

이제 $n = 105$일 때 -2가 계수로 등장한다는 것은 알았는데, 그렇다면 -2 말고 또 어떤 수가 계수로 나올 수 있을까?

이러한 의문을 풀어주는 정리가 있다. 바로 일본인이 증명한 **스즈키의 정리**다. 놀랍게도 스즈키의 정리는 '모든 정수 m에 대하여 $x^n - 1$을 인수분해했을 때의 계수로 m이 나오는 n이 있다'는 것을 보여준다.

자신의 나이가 계수로 나오는 n을 찾아보는 것은 어떨까?

하트 모양 그래프를 그려라

먼저 다음 방정식을 보자.

$$x^2 + \left(y - \sqrt[3]{x^2}\right)^2 = 1$$

외국에서는 이 방정식을 'The love formula'라고 부르는데 '사랑의 방정식'이라는 뜻이다.
그렇게 불리는 이유는 다음 그래프를 보면 단번에 알 수 있다.
놀랍게도 오른쪽과 같이 하트 모양 곡선이 되는 것이다. 참으로 낭만적인 그래프다.
이 장에서는 수학 마니아들이 직접 만든 사랑의 방정식으로 그래프를 그려서 사랑의 형태를 표현해보았다.

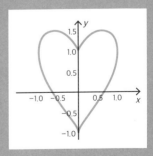

LEVEL ★★★

~ WAY **1** ~

단순한 하트 모양

(@유명한 문제)

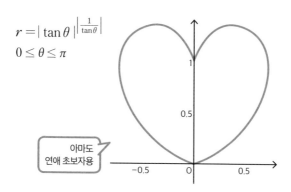

$$r = |\tan\theta|^{\left|\frac{1}{\tan\theta}\right|}$$
$$0 \leq \theta \leq \pi$$

아마도
연애 초보자용

이 하트는 삼각함수(tan), 지수함수, 절댓값만을 이용해 만든 상당히 단순한 그래프다.

다항식이나 삼각함수, 지수함수, 분수함수 등을 통틀어서 **초등 함수**라 하며, 대부분의 초등 함수는 고등학교 수학에서 배운다. 수학에 자신 있는 학생이라면 이 그래프를 직접 그려보기 바란다.

또한 이 함수는 뒤에서 소개할 '두근두근 하트'와 함께, **극좌표**라는 방법으로 표현된다. 지금부터 대략적으로나마 극좌표에 대해 알아보자.

[극좌표란 무엇인가?]

극좌표란 평면상의 점을 표현하는 방법 중 하나로, 원점으로부터의 거리 r 과 방향 θ 라는 두 가지 정보로 점을 나타낸다.

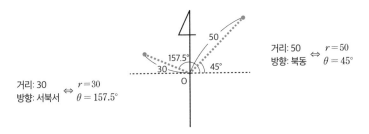

거리: 50 $\Leftrightarrow$ $r=50$
방향: 북동 $\theta=45°$

거리: 30 $\Leftrightarrow$ $r=30$
방향: 서북서 $\theta=157.5°$

여기서 r 을 θ 의 함수로 나타냄으로써 그래프를 그릴 수 있다!

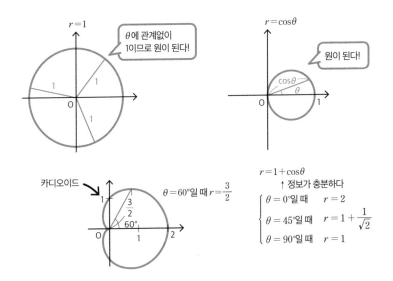

극좌표로 나타낸 함수를 직교좌표(x와 y로 나타내는 일반적인 좌표)로 바꾸려면 다음 관계식을 사용하면 된다.

$$x=r\cos\theta, \, y=r\sin\theta$$

무한 하트

(@sou08437056)

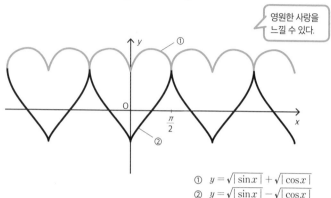

영원한 사랑을
느낄 수 있다.

① $y = \sqrt{|\sin x|} + \sqrt{|\cos x|}$
② $y = \sqrt{|\sin x|} - \sqrt{|\cos x|}$

이 그래프는 두 가지 식으로 구성되어 있는데,

위쪽은 ① $y = \sqrt{|\sin x|} + \sqrt{|\cos x|}$,

아래쪽은 ② $y = \sqrt{|\sin x|} - \sqrt{|\cos x|}$ 이다.

    sin과 cos이 주기함수(일정 주기마다 값이 반복되는 함수)라는 점을 이용해 **하트**(사

랑)가 무한히 이어지는 모습을 훌륭하게 표현했다.

    두 식이 깔끔하게 짝을 이룬다는 점도 눈에 띈다. 수학적인 아름다움도 놓치지

않다니, 수학 마니아답다!

여담이지만 2012년 일본 신슈대학교 입학시험에서 이와 비슷한 그래프를 그리는 문제가 출제되었다.

$-\sqrt{5} \leq x \leq \sqrt{5}$ 에서 정의되는 두 함수

$$f(x) = \sqrt{|x|} + \sqrt{5 - x^2}$$
$$g(x) = \sqrt{|x|} - \sqrt{5 - x^2}$$

에 대해 다음 물음에 답하라.
(1) 함수 $f(x)$와 $g(x)$의 증감을 알아보고, $y = f(x)$와 $y = g(x)$의 그래프를 그려라.
(2) 두 곡선 $y = f(x), y = g(x)$로 둘러싸인 도형의 면적을 구하라.

[2012년 신슈대학교 전기 시험]

이 문제는 신슈대학교의 재치를 보여주는 동시에 미분, 적분을 계산하는 능력과 대칭성에 대한 이해를 묻는 **좋은 문제**로서 수학계에 널리 알려져 있다.

수험생 독자들은 꼭 도전해보기 바란다.

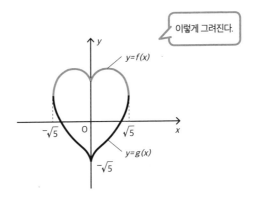

이렇게 그려진다.

WAY 3

빨갛게 칠해진 하트

(@logyytanFFFg)

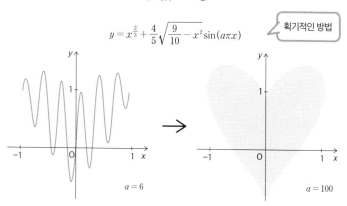

$$y = x^{\frac{2}{3}} + \frac{4}{5}\sqrt{\frac{9}{10} - x^2}\sin(a\pi x)$$

획기적인 방법

$a = 6$

$a = 100$

일반적으로 도형을 빈틈없이 칠할 때는 부등식을 이용하지만, 이 방법에서는 삼각함수를 활용함으로써 부등식을 이용하지 않고 하트 안쪽을 색칠하는 데 성공했다.

이 얼마나 아름다운 방법인가!

값이 커질수록 파동의 주기는 짧아져서 하트가 점점 빈틈없이 칠해지는 모습을 확인할 수 있다.

그렇다면 이 그래프가 어떻게 만들어진 것인지 간단히 살펴보자.

먼저 타원의 윗부분을 나타내는 방정식 ① $y = \frac{4}{5}\sqrt{\frac{9}{10} - x^2}$ 을 준비하고 거기에 $\sin(a\pi x)$를 곱해 타원 내부를 칠한다.

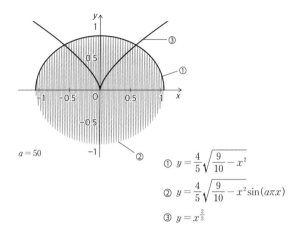

① $y = \dfrac{4}{5}\sqrt{\dfrac{9}{10} - x^2}$

② $y = \dfrac{4}{5}\sqrt{\dfrac{9}{10} - x^2}\sin(a\pi x)$

③ $y = x^{\frac{2}{3}}$

그리고 하트의 중심을 지나가는 듯한 방정식 $y = x^{\frac{2}{3}}$ 을 더하면 $y = x^{\frac{2}{3}}$ 주변에 물결이 일듯이 타원이 변형되어 하트 모양이 완성된다.

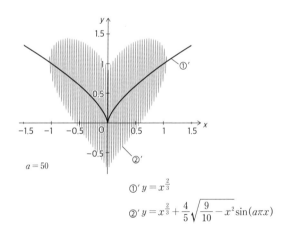

①′ $y = x^{\frac{2}{3}}$

②′ $y = x^{\frac{2}{3}} + \dfrac{4}{5}\sqrt{\dfrac{9}{10} - x^2}\sin(a\pi x)$

이 방법을 활용하면 다양한 모양의 그래프를 빈틈없이 칠할 수 있다.

정말 획기적인 아이디어인 것이다.

WAY **4**

HEART로 만든 하트

(@con_malinconia)

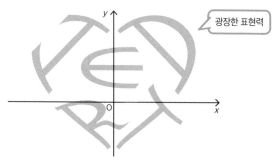

광장한 표현력

$$\min\left(\max\left(\left(-7(\mid x\mid+y)^3+5(\mid x\mid+y)^2+0.8(\mid x\mid+y)-0.7\right)(x-y+1.17),\ \min\left(\left(2x^2+\left(2y-\sqrt{\mid x\mid}\right)^2-1\right)^2-0.01,\right.\right.\right.$$
$$\mid 11\mid x\mid+13y-10.7\mid+\mid 13\mid x\mid+11y-10.6\mid-0.92\right)\right),\ \max\left(x+2(y-0.3)^2-0.27,\ \min\left(\left((x-0.3)^4+4(y-0.3)^2-0.1\right)^2-0.0007,\right.\right.$$
$$\mid x+16y-4.9\mid+\mid x-16y+4.7\mid-0.7\right)\right),\ \max\left(\left(x-2(y-0.2)^2-0.33\right)^2-0.001,\ \mid x-0.5\mid+\mid y\mid-0.3\right),$$
$$\max\left(\mid 25x+2\mid-31y-2\,\mathrm{floor}(8y)-15,\ \min\left(\left((x+0.4)^2-(x+0.4)\,(2y+0.3)+(2y+0.3)^2-0.065\right)^2-0.00025,\ \left(\sin(24x-3)-50y-10)^2-1\right)\right)\right)\right)\le 0$$

이 답을 처음 봤을 때 온몸에 전율이 일었다.

HEART라는 글자로 하트를 그린다는 발상과 그것을 식으로 표현해내는 수
학 능력!

평범한 수학 마니아의 솜씨가 아니다.

HEART라는 글자를 그래프로 나타내기만 해도 되는 거라면 좀 더 간단한
식으로도 가능했을 것이다.

하지만 이 정도로 어려운 식을 쓰면서까지 그래프의 완성도를 높이려고 한 작
성자의 마음을 생각하면 절로 고개가 숙여진다.

WAY 5

두근두근 하트

(@CHARTMANq)

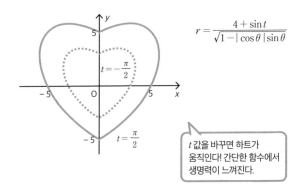

$$r = \frac{4 + \sin t}{\sqrt{1 - |\cos \theta| \sin \theta}}$$

> t 값을 바꾸면 하트가 움직인다! 간단한 함수에서 생명력이 느껴진다.

놀랍게도 이 함수는 값을 바꾸면 **심장이 두근두근 뛰는 것처럼 그래프 모양이 바뀐다!** 종이 위에서는 심장 박동을 보여줄 수 없으니 안타까울 따름이다. 상상력을 발휘해 머릿속에 그려보기 바란다.

지금부터 이렇게 두근거리는 심장이 어떻게 만들어졌는지 살펴보자! 다음과 같은 네 가지 단계를 거친다.

[단계 1 타원을 준비한다]

[단계 2 하트 모양으로 만든다]

[단계 3 극좌표로 변환한다]

[단계 4 두근거리게 만든다]

그럼 하나씩 순서대로 설명하겠다.

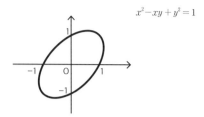

$$x^2 - xy + y^2 = 1$$

먼저 위와 같은 타원을 만든다.

[단계 2 하트 모양으로 만든다]

위의 타원을 하트 모양으로 만들려면 어떻게 해야 할까?

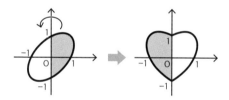

위의 그림을 잘 살펴보면, $x > 0$인 부분을 $x < 0$인 쪽으로 접으면 하트 모양이 될 것 같다. 즉 x에 절댓값 기호를 넣으면 오른쪽 곡선이 왼쪽으로 접혀서 하트 모양이 될 것으로 보인다.

x에 절댓값 기호를 넣은 그래프는 다음과 같다.

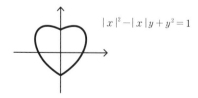

$$|x|^2 - |x|y + y^2 = 1$$

깔끔하게 하트 모양이 되었다!

[단계 3 극좌표로 변환한다]

이제 **심장이 두근거리게 만들기 위해서 식을 극좌표로 변환한다.** 여기서부터는 수학을 잘하는 사람들에게 알맞은 수준이다. 극좌표에 대한 설명은 이 문제의 WAY 1에서 다루었으므로 참고하기 바란다.

극좌표로 변환하려면

$$r^2 = x^2 + y^2, \; x = r\cos\theta, \; y = r\sin\theta$$

라는 관계식을 이용해 $|x|^2 - |x|y + y^2 = 1$을 r과 θ에 대한 식으로 만든다.

$$|x|^2 - |x|y + y^2 = 1$$

제곱 부분의 절댓값 기호를 뺐다.

$$x^2 + y^2 - |x|y = 1$$

극좌표로 변환

$$r^2 - |r\cos\theta|r\sin\theta = 1$$

$r \geq 0$이므로 $|r| = r$

$$r^2 - r^2|\cos\theta|\sin\theta = 1$$

$$r^2(1 - |\cos\theta|\sin\theta) = 1$$

$$r^2 = \frac{1}{1 - |\cos\theta|\sin\theta} \quad \leftarrow \text{분모} \neq 0 \text{이다.}$$

$$r = \frac{1}{\sqrt{1 - |\cos\theta|\sin\theta}} \quad \leftarrow \text{루트를 씌운다.}$$

이로써 하트의 함수가 극좌표 식으로 변환된다!

[단계 4 두근거리게 만든다]

r은 원점으로부터의 거리를 나타내므로 r 값을 크게 하거나 작게 하면 하트의 크기가 변한다. 즉 다음 그림과 같다.

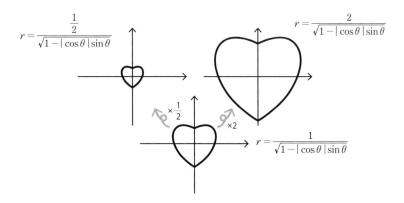

$$r = \frac{\frac{1}{2}}{\sqrt{1 - |\cos\theta|\sin\theta}}$$

$$r = \frac{2}{\sqrt{1 - |\cos\theta|\sin\theta}}$$

$\times \frac{1}{2}$　$\times 2$

$$r = \frac{1}{\sqrt{1 - |\cos\theta|\sin\theta}}$$

이렇듯 r의 우변은 2를 곱하면 커지고 $\frac{1}{2}$을 곱하면 작아진다. 곱하는 수가 커졌다 작아지기를 반복하면 두근두근 뛰는 심장이 만들어질 것이다.

여기서 도움이 되는 것이 주기함수인 삼각함수 $\sin t$ 다. 식의 우변에 $\sin t$ 를 곱해 t 를 0부터 π 까지 바꿔보면…

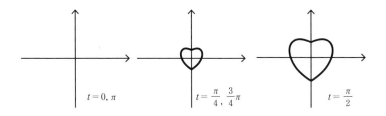

$t = 0, \pi$　　$t = \frac{\pi}{4},\ \frac{3}{4}\pi$　　$t = \frac{\pi}{2}$

이렇게 두근두근 뛰는 심장 모양 그래프가 완성된다!

덧붙여 이번 방법에서는 $t = 0$일 때 하트가 없어지지 않도록 우변의 분자에 4를 더했다. 작성자의 섬세한 배려가 돋보이는 부분이다.

답이 1인 문제를
만들어라

엄청나게 어렵고 까다로운 문제를 끈질기게 붙잡고 풀어보았더니 답은 의외로 간단했던
경험을 해본 적 있는가?
그것이 정답일 때 느끼는 기분은 더할 나위 없이 짜릿하다.
이 장에서는 정답이 1인 문제를 모아보았다.
하나씩 차례대로 풀면서 그런 쾌감을 마음껏 누려보자.

LEVEL ★

WAY 1

[문제] 이것은
몇 번째 문제인가?

(@heliac_arc)

첫 번째.

LEVEL ★

WAY 2

[문제] 이 문제의 답은
몇 개인가?

(@card_board1909)

1이 아니면 모순이다.

이 두 문제는 답을 해설할 필요도 없다!

[문제] 좋아하는 숫자를 떠올려보라

(@iklcun)

좋아하는 숫자 하나를 떠올려보라.

그 수에 4를 더한 후에 2를 곱하라.

그러고 나서 6을 빼고 2로 나눈 후에 처음 떠올렸던 수를 빼라.

답은 1인가?

만약에 좋아하는 숫자로 허수 단위 i를 골랐다면, 당연한 결과라고 생각했을 수도 있다.

[문제] 별 모양의 넓이를 구하라

(@potetoichiro)

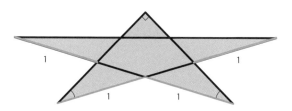

반짝반짝 빛나는 별의 넓이를 구해보자. 각도가 정해져 있지 않은 도형의 넓이가

1이 된다는 건 신기한 일이다.

[해법]

등적변형을 한다.

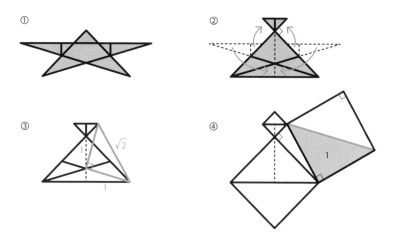

마지막으로 피타고라스의 정리를 이용한다.

[문제] 다음 부등식이 나타내는 영역을 그려라

(@CHARTMANq)

$$\min\Big(\max(10|x|, |y|) - 1,$$

$$\max\Big(|7x - 10y + 10| - \frac{17}{40}, \left|x + \frac{3}{8}\right|\Big) - \frac{11}{40}\Big) \leq 0$$

$\min(a, b)$는 a, b 중 작은 쪽 값을,
$\max(a, b)$는 a, b 중 큰 쪽 값을 취한다.
단, $a = b$일 때는 $\min(a, b) = \max(a, b) = a = b$라고 한다.

그리기 문제라면 답은 1이 될 수 없는 것 아닐까? 누구나 그렇게 생각할 만하다.

그러나 이 문제의 답은 바로…

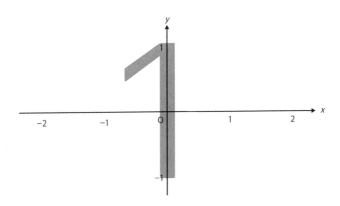

그렇다, 1이다.

정말 숫자 1을 그리다니 놀라운 일이 아닐 수 없다!

게다가 '1'처럼 보이도록 위쪽을 구부려놓았다는 데 더욱 높은 점수를 줄 수 있다.

[문제] 피보나치 수열에서 10^{100}번째 수와 $10^{100}+1$번째 수의 최대공약수는?

(@constant_pi)

피보나치 수열이란 1, 1, 2, 3, 5, 8, 13, 21,…과 같이, 첫 번째 항과 두 번째 항이 1 이고 세 번째 항부터는 바로 앞의 두 항을 더한 수로 이루어지는 수열을 뜻한다.

수열의 n번째 항을 F_n이라고 하면, $F_1 = 1$, $F_2 = 1$, $F_{n+2} = F_n + F_{n+1}$ 이라고 표현할 수 있다. 이 문제의 정답이 1이라는 것은 최대공약수가 1이라는 뜻이다. 즉 두 수가 서로소라는 사실을 증명하면 된다! 다음과 같이 수학적 귀납 법을 이용해 증명할 수 있다.

[증명]

피보나치 수열의 n번째 항을 F_n이라고 하자.

F_n과 F_{n+1}이 서로소라는 것을 수학적 귀납법을 이용해 증명해보자.

⑴ $n = 1$일 때 1과 1은 서로소다.

⑵ $n = k$일 때 F_k와 F_{k+1}은 서로소라고 가정하자. F_{k+1}과 F_{k+2}가 2 이상 의 공약수를 가진다고 가정하면 $F_k = F_{k+2} - F_{k+1}$에 의해 F_k도 그 공약수를 약수로 가지는 것이 되므로 F_k와 F_{k+1}도 그 공약수를 가진다. 이는 F_k와 F_{k+1} 이 서로소라는 가정에 모순된다. 따라서 F_{k+1}과 F_{k+2}는 서로소다.

따라서 $F_{10^{100}}$과 $F_{10^{100}+1}$의 최대공약수는 1이다.

[문제] 피보나치수의 급수를 구하라

(@apu_yokai)

다음의 급수를 구하라.

$$\sum_{k=1}^{\infty} \frac{\varphi}{\sqrt{5}\,F_{2^k}}$$

단, φ 는 황금수로 $\varphi = \dfrac{1+\sqrt{5}}{2}$ 라고 한다.

F_n 은 WAY 6에서 등장한 피보나치 수열이다. 이 문제의 답이 1이라는 것을 덜컥 믿기 어렵겠지만, 이것은 **밀린(Millin) 급수**라는 잘 알려지지 않은 급수를 변형한 것이다.

[밀린 급수]

$$\sum_{k=0}^{\infty} \frac{1}{F_{2^k}} = \frac{7-\sqrt{5}}{2}$$

밀린 급수는 고등학교 수학 범위에서 증명할 수 있고, 증명하는 과정에 황금수 φ 나 피보나치 수열의 아름다운 등식이 많이 등장하므로, 관심 있는 사람은 공부해보기 바란다! 여담이지만, 밀린 급수는 밀러(Miller)가 발견한 것이다. **하지만 어떤 이유에서인지 잘못된 이름으로 알려졌고, 밀러 본인도 그것을 재미있어했기에 '밀린 급수'라는 이름으로 정착되었다.**

참 유쾌한 수학자다.

오일러 항등식

(@레온하르트 오일러)

$$-e^{i\pi} = 1$$

좋아하는 식이니까 넣어봄♡

수학계의 2대 거장으로 불리는 **레온하르트 오일러**가 발견한 등식이다. 바꿔 쓰면

$$e^{i\pi} + 1 = 0$$

이 된다. 이것은 **오일러 항등식**이라 불리며 수학계에서 가장 아름다운 식으로 여겨진다.

물론 아주 간단한 수식이기는 하나, 왜 '가장 아름답다'고까지 하는 것일까? 바로 각각 발전한 서로 다른 수학 분야의 개념이 하나의 식에 모두 담겨 있기 때문이다. 그럼 식에 있는 각 문자를 살펴보자.

e : 네이피어의 수. $e = 2.71828\cdots$로 계속되는 무리수. e^x은 미분해도 달라지지 않기 때문에 미분 적분을 이용하는 해석학에서 매우 중요한 상수다.

π : 원주율. $\pi = 3.14159\cdots$로 계속되는 무리수. 원의 둘레와 지름의 관계를 나타내며 기하학에서 매우 중요한 상수다.

i : 허수 단위. 제곱하면 -1이 되는 수로 방정식을 푸는 대수학에서 매우 중요한 수다.

오일러 항등식은 $e = 2.71828\cdots$과 $\pi = 3.14159\cdots$라는 두 무리수가 허수 단위 i를 사용함으로써 $-e^{i\pi} = 1$이라는 간단한 정수가 된다는 점에서 아름다움을 느낄 수 있다.

하지만 더욱 대단한 사실은 해석학, 기하학, 대수학이라는 서로 다른 학문 분야에서 상당히 중요한 개념인 e, π, i가 하나의 식에 들어 있다는 점이다. 각자 다른 분야에서 발전해온 수들이 사실은 서로 연결되어 있었다니, **수학사의 엄청난 복선**이 밝혀진 것이다.

게다가 항등식을 이루는 숫자도

1 : (곱셈에서) 곱해도 바뀌지 않는 수

0 : (덧셈에서) 더해도 바뀌지 않는 수

로, 대수학에서 특별한 수다. 그 모든 것이 단 하나의 식에 집약되어 있다. **이것이 오일러 항등식이 가장 아름다운 식이라고 불리는 이유다.**

참고로 오일러는 뛰어난 천재성 덕분에 "인간이 숨을 쉬듯이, 새가 하늘을 날듯이, 오일러는 계산을 한다"는 평을 듣기도 했다. 오일러는 이번에 소개한 오일러 항등식을 비롯해 수많은 업적을 남겼으므로 관심 있는 사람은 더 공부해보기 바란다.

클로소이드 곡선

귤껍질을 깔 때 꼭지부터 나선형으로 뱅글뱅글 돌리면서 벗기면 인테그랄 $\int$ 모양을 한 귤껍질이 만들어진다. 그런 모양을 클로소이드 곡선이라고 한다. 클로소이드 곡선은 곡률(구부러진 정도)이 일정한 비율로 변화한다는 성질이 있다.

클로소이드 곡선

시작점
처음에는
거의 직선

곡선을 따라서
나아갈수록
곡률이 커진다.

우리 주변에서 볼 수 있는 클로소이드 곡선으로는, 일정한 속도로 달리는 자동차의 운전대를 일정한 속도로 돌릴 때 자동차가 그리는 궤적이 있다. 참고로 운전대가 일정한 각도로 꺾인 채 고정된 상태에서 일정 속도로 달리는 자동차의 궤적은 원이 된다.

그러한 특성을 살려 클로소이드 곡선은 도로를 설계하는 데 이용된다. 예를 들어 직선 도로에서 커브를 돌 때 곡률이 일정한 도로, 즉 원형 도로라면 갑자기 무리하게 운전대를 꺾어야 한다. 이러한 문제를 해결하기 위해서 직선 도로와 원형 도로 사이에 클로소이드 곡선인 도로를 배치한다. 그러면 갑자기 운전대를 꺾을 일없이 부드럽게 커브를 돌 수 있다.

원
직선
이 상태라면
위험하다!

원
클로소이드
직선
완화 곡선

각을 3등분하라

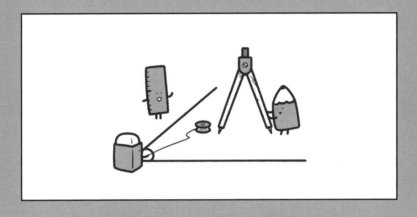

각을 3등분하는 문제는 아주 오래전부터 연구되었으며, 그리스 3대 작도 문제 중 하나이기도 하다.

[그리스 3대 작도 문제]
자와 컴퍼스를 이용해 다음 문제를 해결하라.
1. 주어진 원과 넓이가 같은 정사각형을 그려라.
2. 주어진 정육면체보다 부피가 두 배로 큰 정육면체를 그려라.
3. 임의의 각을 3등분하라.

사실 이 문제들은 모두 해결되지 못 함으로써 '자와 컴퍼스만으로는 그릴 수 없다'는 것이 증명되었다. 그렇다면 '자와 컴퍼스'가 아닌 다른 도구들을 사용한다면 어떨까? 새로운 도구를 이용해 이번에야말로 각을 3등분해보자.

※ 자와 컴퍼스를 이용해라는 말은 ① 눈금 없는 자로 직선 긋기와 ② 컴퍼스로 원 그리기를 유한 번 시행한다는 뜻이다.

문제 7 각을 3등분하라

WAY 1

종이접기를 이용한다

(@유명한 문제)

자, 컴퍼스, 각도기 등을 사용하지 않고 종이를 접는 것만으로도 0°에서 90° 사이의 임의의 각을 3등분할 수 있다. 순서는 다음과 같다. 먼저 정사각형인 종이를 준비하자.

① 종이를 적당히 접어서 임의의 각을 만든다.

이번 기회에 실제로 해보자!

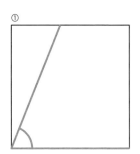

② 적당한 간격을 유지하며 두 번 접어서 폭이 같은 자국을 남긴다. 각 점에는 점 A~F라고 이름을 붙인다. ①에서 만든 자국은 변 CP라고 한다.

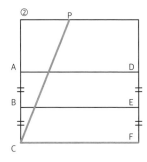

③ 점 A는 CP 위에, 점 C는 BE 위에 놓이도
록 접어서 점 A, B, C가 도착한 지점을 점
A′, B′, C′라고 한다.

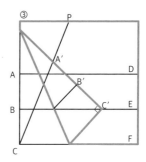

④ 점 A′와 점 C′가 겹쳐지도록 접으면 그때
생긴 자국은 점 C를 통과한다.

⑤ CB′, CC′가 각을 3등분하는 선이 된다.

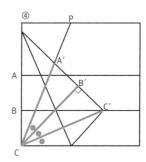

이를 증명하는 것은 매우 쉬운 일이다. 점 C′에서 CF로 수선을 내렸을 때 수
선의 발을 G라 하면, △A′B′C와 △C′B′C와 △C′GC는 합동이다. 따라서
∠A′CB′ = ∠C′CB′ = ∠C′CG가 되므로 각이 3등분되었다는 것을 알 수
있다.

토마호크를 이용한다

(@opus_118_2)

토마호크란 북아메리카 원주민이 사용하던 도끼를 뜻한다. 적을 공격하는 무기로 쓰거나 일상용 공구로 사용했다고 한다. 놀랍게도 이런 토마호크와 비슷하게 생긴 도구를 사용하면 각을 3등분할 수 있다.

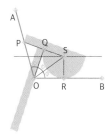

위의 그림과 같이 3등분하고 싶은 각인 $\angle AOB$에 대하여, 토마호크의 손잡이 아래 부분이 O를 지나고, 뾰족한 부분인 점 P와 반원 위의 점 R이 각각 직선 OA와 OB의 위에 놓이도록 두면 직선 OQ와 직선 OS는 각의 3등분선이 된다.

이 토마호크는 각을 3등분하기 위해서 특수하게 설계된 것인데 다음과 같이 크게 세 부분으로 나뉜다.

① 직선 부분 OQ

② Q를 지나고 직선 OQ와 직교하는 직선 부분 PS

③ S가 중심이고 SQ가 반지름인 반원

여기서 PQ = QS가 되도록 만들어져 있으므로, 반원 위 임의의 점을 R이라고 하면 PQ = SQ = SR을 만족한다는 것이 중요하다. 손잡이 부분이 두꺼운 이유는 잡기 쉽도록 하기 위해서다.

눈치가 빠른 사람은 벌써 알아챘을 테지만, 이 토마호크는 앞선 그림과 같이 놓였을 때 △OPQ≡△OSQ≡△OSR이 되도록 설계되었다. 이것이 각의 3등분선을 그릴 수 있는 이유다.

△OPQ≡△OSQ≡△OSR이라는 것을 확인해보자.

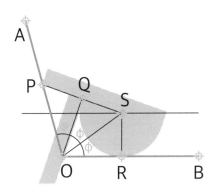

먼저 토마호크의 형태와 배치 방식에 의해 PQ = SQ = SR을 만족한다.

직선 OQ와 OR은 O에서 그린 원의 접선이므로 원의 성질에 의해 그 접선과 접점을 지나는 반지름 SQ, SR은 각각 수직이다. 공통된 변이 있다는 점도 고려하면 △OPQ, △OSQ, △OSR은 변의 길이가 모두 같은 직각삼각형이라는 사실을 알 수 있으므로 △OPQ≡△OSQ≡△OSR이 성립한다.

따라서 ∠POQ = ∠SOQ = ∠SOR이므로 직선 OQ와 OS가 ∠AOB의 3등분선이라는 것을 무사히 증명할 수 있다.

효율적으로 각을 3등분할 수 있는 매우 유용한 방법이다!

특수한 각도기를 활용한다

(@MarimoYoukan03)

먼저 다음 그림을 보자.

> 이상하게 생겼지만 제대로 된 도구다.

①

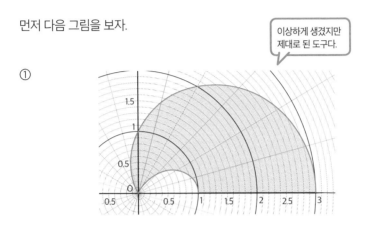

이것은 단순한 곡선이 아니다.

각을 3등분하는 데 특화된 특수 각도기다.

②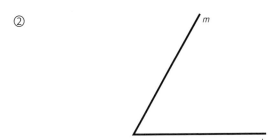

두 직선 *l*과 *m*으로 이루어진 각을 3등분해보자. 우선 특수한 각도기를 직선 *l* 위에 놓고, 각도기의 A를 각의 꼭짓점에 맞춘다.

③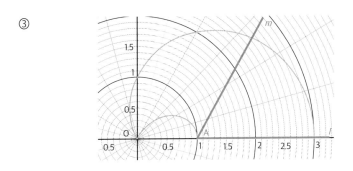

그리고 나서 직선 *m*과 각도기가 만나는 점 B에서 각도기의 끝인 O를 향해 직선을 그린다. 그러면 ∠ABO는 처음 각의 3등분이 된다!

④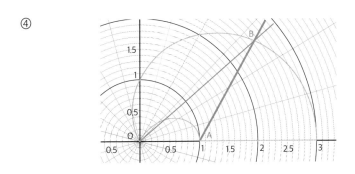

마지막으로 직선 BO에 평행하면서 A를 통과하는 직선을 그리면 처음 각을 3등분하는 선이 완성된다.

⑤

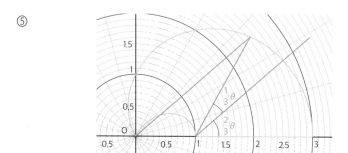

어째서 이런 작업을 통해 3등분선을 그릴 수 있는 것일까?

그 비밀은 특수 각도기의 모양에서 찾을 수 있다.

사실 이 각도기는 극좌표로 나타냈을 때 $r = 1 + 2\cos\theta$로 표현되는 곡선으로 되어 있다. 극좌표에 대해서는 '문제 5 하트 모양 그래프를 그려라'에서 설명했으므로 잊어버린 사람은 다시 읽어보기 바란다.

$r = 1 + 2\cos\theta$를 그래프로 나타내면 다음과 같다.

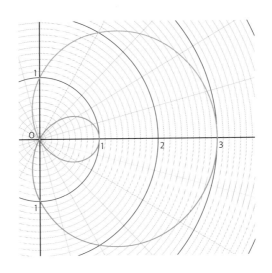

일본 최대 통신사인 NTT의 로고와 닮은 이 그래프를 **파스칼의 달팽이꼴** [**1**]이라고 한다.

사실 그다지 달팽이처럼 보이지는 않는다.

[**1**] $r = a\cos\theta + \ell$로 표현되는 곡선을 파스칼의 달팽이꼴이라고 한다.

다음과 같이 보조선을 그려보자.

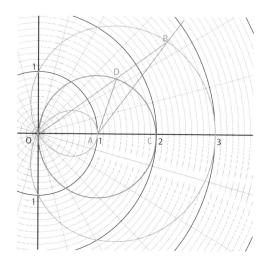

$r = 1 + 2\cos\theta$는 xy좌표에서는

$$\begin{cases} x = r\cos\theta = \cos\theta + 2\cos^2\theta = \cos\theta + \cos 2\theta + 1 \\ y = r\sin\theta = \sin\theta + 2\sin\theta\cos\theta = \sin\theta + \sin 2\theta \end{cases}$$

가 되고, 이것은 (1, 0)이 중심이고 반지름이 1인 원 위의 점(예를 들어 D)

$$\begin{cases} x = \cos 2\theta + 1 \\ y = \sin 2\theta \end{cases}$$

에서 ($\overrightarrow{\text{OD}}$ 방향으로) 거리를 1만큼 연장한 점(예를 들어 B)을 나타낸다.

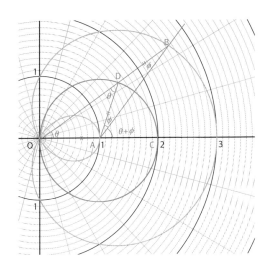

그러면 AD = AO이므로 △AOD는 이등변삼각형이고, DA = DB이므로 △DAB도 이등변삼각형이 된다.

∠AOD = ∠ADO = θ, ∠DBA = ∠DAB = ϕ 라고 하면

△AOB의 외각 ∠BAC = $\theta + \phi$ … ①

△DAB의 외각 $\theta = \phi + \phi$ … ②

②에 의해 $\theta = 2\phi$

①에 의해 ∠BAC = $2\phi + \phi = 3\phi$

가 되므로 ϕ 는 ∠BAC의 3등분이라는 것을 알 수 있다.

전용 그래프를 이용한다

(@yasuyuki2011h)

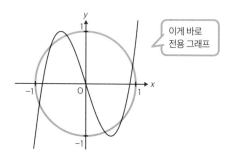

이게 바로
전용 그래프

이 그래프는

- $y = 4x^3 - 3x$

- $x^2 + y^2 = 1$(단위원)로 이루어져 있다.

  그리고 다음의 단계에 따라 각을 3등분할 수 있다.

① 적당한 선을 그려서 임의의 각 α를 만든다. 직선과 원의 교점에서 x 축을 향

해 수직으로 선을 그리고 x 축과의 교점을 H라고 하면 OH $= \cos\alpha$가 된다.

원점을 중심으로 하고 반지름이 $\cos\alpha$인 원을 그린다.

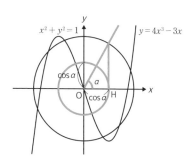

② ①에서 그린 원에 대해, 축에 평행인 접선을 그린다(단 $y > 0$).

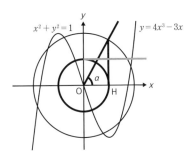

③ ②에서 그린 접선과 $y = 4x^3 - 3x$ 의 교점에서 y 축과 평행한 선을 그린다.

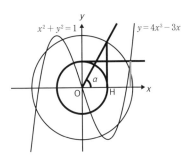

④ 원점에서, ③에서 그린 선과 $x^2 + y^2 = 1$의 교점을 향해 선을 그리면 각을 3

등분하는 선이 된다.

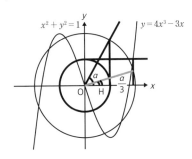

그렇다면 어떻게 3등분선이 되는 것일까? $\cos\alpha$는 알고 있으므로 $\cos\dfrac{\alpha}{3}$를 구해보자.

여기서는 다음과 같은 $\cos$의 삼배각 공식을 이용한다.

$$\cos\alpha = 4\cos^3\frac{\alpha}{3} - 3\cos\frac{\alpha}{3}$$

사실 앞서 소개한 단계는 그래프 위에서 방정식을 푸는 방식이다.

[방정식을 푸는 과정]

각 단계에서 무엇을 계산했는지 알아보자.

① $\cos\alpha$의 길이를 구한다.

② $y = \cos\alpha$의 그래프를 그린다.

③ $y = \cos\alpha$와 $y = 4x^3 - 3x$의 교점의 좌표를 구한다.

   $x > 0$일 때 $\cos\alpha = 4x^3 - 3x$의 교점의 x좌표는 삼배각 공식에 의해 $\cos\dfrac{\alpha}{3}$가 된다.

④ $x = \cos\dfrac{\alpha}{3}$와 $x^2 + y^2 = 1$의 교점의 좌표는 $\left(\cos\dfrac{\alpha}{3},\ \sin\dfrac{\alpha}{3}\right)$다. 원점에서 이 점을 향해 선을 그리면 각을 3등분하는 선이 된다.

위대한 정리로
하찮은 사실을 증명하라

이 세상에는 훌륭한 수학자가 온 생애를 바쳐 증명해낸 위대한 정리가 아주 많다. 과거 수학자들의 발견이 쌓이고 쌓여서 지금처럼 수학을 즐길 수 있는 것이다.

그러한 현상을 빗대어, 과학자이자 수학자인 뉴턴은 과학자인 로버트 후크에게 보낸 편지에서 "내가 먼 곳까지 내다볼 수 있었다면. 그것은 내가 거인들의 어깨 위에 올라앉았기 때문이다"라고 표현했다.

이 장에서는 과거 수학자들이 발견한 위대한 정리를 활용해 하찮은 사실을 증명해보고자 한다. 당신이 아무리 작은 존재라 해도 거인의 어깨 위에 앉는다면 두려워할 것 없다!

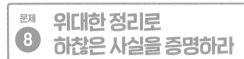

LEVEL ★★

~~~~~~~~~~ WAY **1** ~~~~~~~~~~

4색 정리를 활용한다

(@toku51n)

4색 정리에 따르면 시코쿠 섬의 지도는 네 가지 색으로 구분해 칠할 수 있다.

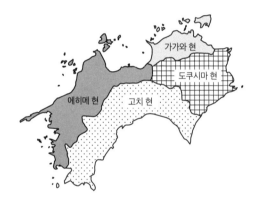

4색 정리란 '평면 지도에서 서로 이웃한 영역이 구분되도록 칠하려면 네 가지 색만으로 충분하다'는 정리다. 앞서 말했듯이 시코쿠에는 현이 4개 있으므로 4색 정리를 이용하면 시코쿠의 지도를 칠하는 것은 네 가지 색으로 충분하다는 것을 알 수 있다.

참고로 시코쿠의 지도를 색칠하는 것은 세 가지 색으로도 가능하다.

그럼 4색 정리에 대해 자세히 알아보자.

4색 정리는 1852년에 제기된 4색 문제에서 시작되었다. 런던의 학생이었던 프랜시스 거스리가 지도를 색칠할 때 네 가지 색만 있으면 이웃하는 나라를 구분해 칠할 수 있다는 사실을 발견하고, 그것을 동생인 프레더릭 거스리에게 이야기한 것이 발단이 되었다.

프레더릭은 그 사실이 수학적으로 중요하다는 것을 알아채고 유명한 수학자인 드모르간에게 전달했지만 드모르간은 이것이 사실인지 증명하지 못했다. 그러자 이 문제는 삽시간에 널리 퍼져 많은 수학자들이 4색 문제를 푸는 데 도전했는데, 증명되기까지 100년이 넘는 시간이 걸렸다.

더욱 놀라운 것은 4색 문제를 증명한 방법이다. **처음으로 생각해낸 증명 방식은 지도에서 영역이 배치되는 방식을 약 1400가지로 분류하고, 모든 경우에 네 가지 색만으로 구분되어 칠해지는지를 컴퓨터로 확인한다는, 매우 억지스러운 방법이었다.**

당시 컴퓨터로는 그것을 모두 연산하는 데 10년 이상이 걸린다는 것이 밝혀졌고, 그 후에 컴퓨터 프로그램과 알고리즘이 발전한 덕분에 4색 문제가 증명되면서 4색 정리로 인정받게 되었다. 4색 정리는 같은 주파수의 통신사 기지국이 인접하지 않도록 배치하는 데 활용되는 등 현대 사회에서도 쓰이고 있다.

이렇게 위대한 정리를 이용해 '시코쿠의 지도는 네 가지 색으로 구분해 칠할 수 있다'는 하찮은 사실을 증명한다는 반전이 재미있다.

역사상 4색 정리를 이토록 시시하게 활용한 사람이 있었던가! 물론 없었다.

페르마의 마지막 정리를 활용한다

(@유명한 문제)

n을 3 이상인 자연수라 하고 $2^{\frac{1}{n}}$이 유리수라고 가정하면, 자연수 p, q를 이용해 다음과 같이 나타낼 수 있다.

$$2^{\frac{1}{n}} = \frac{q}{p}$$

$$2 = \frac{q^n}{p^n}$$

$$2p^n = q^n$$

$$p^n + p^n = q^n$$

페르마의 마지막 정리에 의하면 이를 만족하는 자연수 쌍은 존재하지 않기 때문에 모순이다. 그러니 귀류법에 따라서 $2^{\frac{1}{n}}$은 무리수다.

게임의 끝판왕을 물리친 후에 다시 첫 판으로 돌아와 가장 약한 상태를 쓰러뜨릴 때 느끼는 쾌감과 같다고 할까!

페르마의 마지막 정리란 $n \geq 3$일 때 '$a^n + b^n = c^n$'이 되는 자연수 쌍 (a, b, c, n)은 존재하지 않는다'는 수학계에서 매우 유명한 정리다.

이번 증명에서는 $(a, b, c) = (p, p, q)$로 쓰였다.

페르마는 이 정리를 발견한 후에 **"나는 이 정리를 증명하는 놀라운 방법을 알 아냈지만 여백이 부족해 여기에 쓸 수 없다"**라는 메모를 책 한 구석에 남기고 세 상을 떠났다. 실제로 페르마가 증명을 생각해냈는지는 알 수 없지만, 수많은 수 학자들이 이 정리를 증명하려고 도전했으나 실패했고, 1995년 앤드루 와일스의 증명이 인정받기까지 300년 이상 아무도 증명해내지 못했다.

책 여백에 남긴 메모가 300년 넘게 수학자들을 농락했다는 사실은 대단히 매 력적이다.

그 정도로 위대한 페르마의 마지막 정리지만
페르마도 자신의 정리가 이렇게 시시한 증명에 사용될지는 몰랐을 것이다.

참고로 이와 같은 방법으로 $3^{\frac{1}{n}}$이 무리수라는 것을 증명할 수는 없다.
왜냐하면 $a^n + b^n + c^n = d^n$을 만족하는 자연수 쌍은

$$1^3 + 6^3 + 8^3 = 9^3$$

을 포함해 더 있기 때문이다.

페르마의 소정리를 활용한다

(@nekomiyanono)

페르마의 소정리에 따라

$$3^{2-1} \equiv 1 \, (\mathrm{mod} \, 2)$$

이므로 3은 홀수다.

3이 홀수라는 것을 보여주기 위해서 수학의 귀재 페르마의 힘을 빌린다니, 너무나도 과장된 이야기에 웃음이 터질 뻔했다. 교실이나 지하철 안에서 이 페이지를 읽고 있다면 주변 사람들의 시선에 주의하기 바란다.

이제부터 이 증명을 천천히 음미해보자. 먼저 페르마의 소정리를 복습하는 것부터 시작한다.

[페르마의 소정리]

p를 소수, a를 p의 배수가 아닌 정수라고 하면,

$$a^{p-1} \equiv 1 \, (\mathrm{mod} \, p)$$

가 성립한다.

$p = 2$일 때, a가 2의 배수가 아니라면 $a^{2-1} = a \equiv 1 \, (\mathrm{mod} \, 2)$이 성립한다. 3은 2의 배수가 아니므로 $a = 3$일 때 $3 \equiv 1 \, (\mathrm{mod} \, 2)$, 즉 3은 홀수다.

앗! 뭔가 이상하다.

이 증명을 다시 살펴보면 '3이 홀수라는 것'을 증명하기 위한 전제로 '3이 2의 배수가 아니다'라는 점을 이용했다. 이는 3이 홀수라는 것을 증명하는 데 적절하지 않으며 **순환논법**에 빠진 것이다.

순환논법이란 어떤 명제를 증명할 때 그 명제를 증명 안에서 전제로 사용하는 논법을 뜻한다. **논리 체계인 수학에서 순환논법은 증명으로서 인정되지 않는다.**

3이 홀수임을 증명하는 데 실패하다니, 어떻게 된 일일까…

어쨌든 페르마의 소정리를 활용해 3이 홀수라는 것을 증명하려고 했던 아이디어 자체는 훌륭하다.

왜냐하면 이 아이디어가 훌륭하기 때문이다! (순환논법)

브레트슈나이더 공식을 활용한다

(@fukashi_math)

브레트슈나이더 공식에 의해,

한 변의 길이가 1인 정사각형의 넓이 S 는

$$S = \sqrt{(t-1)(t-1)(t-1)(t-1) - 1 \times 1 \times 1 \times 1 \times \cos^2\left(\frac{180°}{2}\right)}$$

이다. 여기서 $t = \dfrac{1+1+1+1}{2} = 2$ 이므로 $S = 1$ 이다.

브레트슈나이더 공식은 사각형의 넓이 S 를 구하는 공식으로, 사각형의 각 변의 길이를 a, b, c, d, 마주 보는 각의 합을 θ, $t = \dfrac{a+b+c+d}{2}$ 라 하면,

$$S = \sqrt{(t-a)(t-b)(t-c)(t-d) - abcd\, \cos^2\left(\frac{\theta}{2}\right)}$$

라고 나타낼 수 있다.

이 공식을 이용해 한 변의 길이가 1인 정사각형의 넓이 S 를 구하기 위해서는 $a = b = c = d = 1$, $\theta = 180°$ 라고 하면 된다.

이렇게까지 멀리 돌아서 가다니!(갑작스러운 지적!)

물론 간단한 숫자를 대입해 공식이 실제로 성립하는지 확인하는 작업이 중요하긴 하다.

문제
9

원주율을 구하라

원주율이란 '원의 둘레가 지름의 몇 배인가', 즉 지름이 1인 원의 둘레로 정의되고, 그 수는 3.14159…로 무한히 계속되는 무리수라는 것이 알려져 있다. π(파이)라는 문자 하나로 표현하는 경우도 많다.

끝없이 계속되는 원주율을 소수점 아래 몇 번째 자리까지 구할 수 있는지를 두고 전 세계에서 경쟁이 벌어지고 있다. 2019년 3월 14일 구글은 31조 4159억 2653만 5897번째 자리를 계산해내면서 세계 기록을 경신했다(2021년에 경신된 세계 기록은 스위스 연구팀이 슈퍼컴퓨터를 사용해 계산한 62조 8318억 5307만 1796번째 자리다-옮긴이). 이 숫자를 보고 떠오르는 것이 있는가?

그렇다.

3월 14일: 원주율의 날

31조 4159억 2653만 5897번째 자리: 원주율 π=3.1415926535897......로 연결된다. 구글다운 유머가 느껴진다.

구글은 컴퓨터를 이용해 31조 자리 이상을 계산해냈는데, 그 외에 또 어떤 식으로 원주율을 구할 수 있을까? 이 장에서는 수학 마니아들이 찾은 원주율 구하는 방법을 소개한다.

원주율을 구하라

WAY **1**

다각형을 이용한다

(@아르키메데스)

도쿄대학교 입학시험에 출제되었다.

지름이 1인 원에 내접하는 정다각형과 외접하는 정다각형을 떠올려보자. 위 그림에서는 정육각형을 사용했다.

내접하는 정다각형의 둘레를 L, 외접하는 정다각형의 둘레를 M이라 하면, 원의 둘레는 π이므로

$$L < \pi < M$$

이 성립한다. 마치 L과 M이 양쪽에서 파이를 공격하는 모양새다.

정육각형인 경우에 L과 M의 값을 계산하면

$$3 < \pi < 3.4641\cdots$$

이 되어서, π가 3보다 크고 3.4641보다 작다는 것을 알 수 있다.

이제 정다각형의 각의 수를 계속 늘리면, L과 M은 점점 π에 가까워진다.

아르키메데스는 정육각형 이후에 원에 내접·외접하는 도형으로 정12각형, 정24각형, 정48각형, 정96각형을 이용해 계산을 거듭했고, 그 결과

$$3 + \frac{10}{71} < \pi < 3 + \frac{1}{7}$$

을 도출해냈다. 기원전인 당시에는 소수로 표기하는 방식이 발명되지 않았는데, 이를 소수로 바꾸어 나타내면

$$3.1408450704225352\cdots < \pi < 3.1428571428571428\cdots$$

이다.

**소수점 아래 두 번째 자리까지의 원주율,
즉 3.14를 인류 역사상 최초로 밝혀낸 것이다.**

뷔퐁의 바늘을 이용한다

(@뷔퐁)

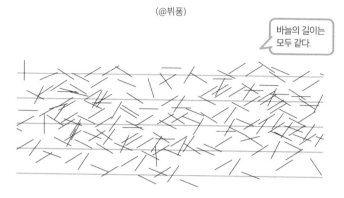

바늘의 길이는
모두 같다.

d 간격으로 평행선이 그려진 평면이 있다고 하자. 그 평면 위에서 길이가 l인 바늘(단 $l < d$)을 임의로 떨어뜨렸을 때 바늘이 평행선과 만날 확률은

$$\frac{\text{평행선과 만난 바늘의 수}}{\text{떨어뜨린 바늘의 수}} \fallingdotseq \frac{2l}{\pi d}$$

이다. 이를 **뷔퐁의 바늘**[*1]이라 하는데, 확률에 π가 등장한다는 점에서 매우 유명한 문제다. 조금 어렵지만 다음과 같은 과정에 따라 도출된다.

떨어뜨린 바늘의 중심으로부터 가장 가까운 평행선까지의 거리를 y라 하고, 바늘과 평행선이 이루는 각을 θ라 하자.

이때 y는 $0 \leq y \leq \dfrac{d}{2}$, θ는 $0 \leq \theta \leq \dfrac{\pi}{2}$를 만족한다.

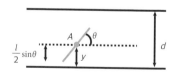

따라서 바늘이 평행선과 만날 때는

$$y \le \frac{l}{2}\sin\theta$$

를 만족한다.

바늘을 임의로 떨어뜨릴 때 y는 $0 \le y \le \frac{d}{2}$, θ는 $0 \le \theta \le \frac{\pi}{2}$를 만족하는 임의의 실수다. 이때 $y \le \frac{l}{2}\sin\theta$일 확률을 구하면 그것이 '바늘이 평행선과 만날 확률'이다.

바꿔 말하면, '다음 그림의 직사각형 안에 (θ, y)라는 점을 찍을 때, 그 점이 $y = \frac{l}{2}\sin\theta$보다 아래에 있을 확률은 얼마인가?'라는 문제와 같다.

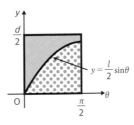

따라서 구하는 확률은

$$\frac{\text{물방울 무늬 부분의 넓이}}{\text{직사각형의 넓이}} = \frac{\displaystyle\int_0^{\frac{\pi}{2}} \frac{l}{2}\sin\theta\, d\theta}{\frac{d}{2} \times \frac{\pi}{2}} = \frac{2l}{\pi d}$$

이 된다.

[*1] 다음 장에서 다룰 '일어날 확률이 무리수인 사건' 중 하나이기도 하다.

WAY 3

물체를 충돌시킨다

(@갈페린)

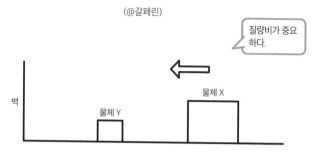

질량비가 중요하다.

준비물은 물체 X, Y와 벽, 그리고 역학적 에너지가 보존되는 방이다.

이것만 있으면 원주율을 구할 수 있다.

물체 X가 물체 Y에 충돌한다고 하자. 물체 Y는 물체 X에게서 에너지를 받아서 벽을 향해 나아간다. 벽에 부딪힌 물체 Y는 반대편으로 튕겨서 물체 X와 충돌하고, 다시 벽 쪽으로 튕겨서 벽과 충돌하기를 반복한다. 이때 물체 Y가 충돌하는 총 횟수를 구해보자.

충돌은 완전 탄성 충돌(역학적 에너지의 소실 없이 튕기는 것)이고, 바닥의 마찰과 공기 저항은 고려하지 않는다.

물체 X와 물체 Y의 질량비가 1 : 1, 즉 질량이 같을 때는 다음과 같다.

[① 물체 X가 물체 Y를 향해 나아간다.]

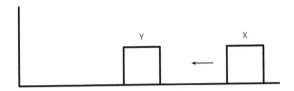

[② 물체 X가 물체 Y에 충돌해 물체 X는 정지하고 물체 Y는 움직인다.]

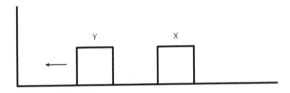

[③ 물체 Y가 벽에 부딪혀서 팅긴다.]

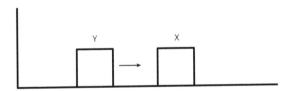

[④ 물체 Y가 물체 X에 충돌해 물체 Y는 정지하고 물체 X는 움직인다.]

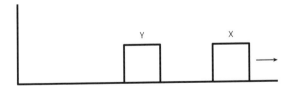

이렇게 질량비가 1 : 1인 경우에 물체 Y는 총 세 번 충돌한다.

두 물체의 질량비를 바꾸면 아주 흥미로운 결과가 나온다.

두 물체의 질량비	물체 Y의 총 충돌 횟수
1	3
100	31
10000	314
1000000	3141

눈치챘는가?

그렇다! 질량비가 100^n(n은 0보다 큰 정수)일 때, 총 충돌 횟수는 원주율의 숫자 배열에서 $n + 1$번째까지의 수와 일치한다.

질량비를 100배할 때마다 원주율이 한 자리씩 밝혀지는 것이다.

원주율에 수렴하는 급수를 이용한다

(@수학자들)

수학이 오랜 기간 연구되는 동안에, 일정 법칙에 따라 무한히 계속되는 수열의 무한합(무한급수)이나 무한곱이 원주율 π 를 이용한 값에 수렴하는 예가 몇 가지 발견되었다. 여기서는 그중 일부를 소개하겠다.

[라이프니츠 급수]

$$\frac{\pi}{4} = \frac{1}{1} - \frac{1}{3} + \frac{1}{5} - \frac{1}{7} + \frac{1}{9} - \cdots$$

[바젤 문제]

$$\frac{\pi^2}{6} = \frac{1}{1^2} + \frac{1}{2^2} + \frac{1}{3^2} + \frac{1}{4^2} + \frac{1}{5^2} + \cdots$$

[비에트 공식(무한곱)]

$$\frac{2}{\pi} = \frac{\sqrt{2}}{2} \cdot \frac{\sqrt{2+\sqrt{2}}}{2} \cdot \frac{\sqrt{2+\sqrt{2+\sqrt{2}}}}{2} \cdots$$

[라마누잔의 원주율 공식]

$$\frac{1}{\pi} = \frac{2\sqrt{2}}{99^2} \sum_{n=0}^{\infty} \frac{(4n)!}{n!^4} \cdot \frac{26390n + 1103}{396^{4n}}$$

라마누잔이
독보적이다.

원주율은 몇 번째 자리까지 사용될까?

원주율은 3.141592…로 무한히 계속되는 수인데, 과연 실생활에서는 몇 번째 자리까지 사용되고 있을까? 몇 가지 예를 소개하겠다.

[반지 제작 공방: 소수점 아래 두 번째 자리까지]

반지 사이즈를 구할 때는 원주율을 3.14로 계산하는 경우가 많다. 또한 원주율 π는 '나누어떨어지지 않는 수'이므로 **사랑을 이루어주고 행운을 부르는 수로 여겨진다.** 원주율의 날인 3월 14일에 혼인신고를 하거나 반지에 0.314캐럿의 다이아몬드를 넣는 사람도 있다고 한다. 정말 낭만적이다.

[초등학교에서 배우는 원주율: 소수점 아래 두 번째 자리까지]

2000년대 초반 일본에서는 **'학교에서 원주율을 3이라고 가르친다'**는 잘못된 소문이 퍼져서 큰 파문이 일었다. 하지만 실제로 그런 일은 없었고, 수학 교육 과정에는 "원주율은 3.14라고 알려준다"라고 언제나 명시되어 있었다. 만약 원주율을 3이라고 하면 원의 둘레와 원에 내접하는 정육각형의 둘레가 같아지고 만다!

[육상 트랙: 소수점 아래 네 번째 자리까지]

대한육상경기연맹은 공인 경기장의 크기를 계산할 때 원주율을 3.1416이라고 둔다. 참고로 원주율을 3으로 두고 경기장을 설계하면 둘레가 400m인 트랙의 총 거리는 무려 10m 이상 길어진다.

일어날 확률이 무리수인 사건을 만들어라

확률이라는 분야는 원래 주사위 도박에서 시작되었다. 그래서인지 '확률 문제'라는 말을 듣고 가장 먼저 주사위를 떠올리는 사람이 많을 것이다.

주사위 문제는 이론상으로는 모든 패턴을 적은 후에 원하는 패턴을 헤아리기만 하면 확률을 구할 수 있다. 그런 문제에서 확률은 (어떤 사건이 일어날 경우의 수)÷(가능한 모든 경우의 수), 즉 정수÷정수인 유리수다.

그렇다면 모든 패턴을 적을 수 없는, 확률이 무리수인 문제가 있다면 어떻게 해야 할까? 이 장에서는 그런 문제를 모아보았다. 이 장을 다 읽고 나면 확률이 무리수여도 이상할 게 없다는 생각이 자연스럽게 들 것이다.

문제 10

일어날 확률이 무리수인 사건을 만들어라

LEVEL ★★

WAY 1

찌그러진 동전

(@ugo_ugo)

[문제]

찌그러진 동전이 있다. 이 동전을 두 번 던졌을 때 두 번 연속 앞면이 나올 확률은 $\frac{1}{2}$이다. 그렇다면 한 번 던졌을 때 앞면이 나올 확률을 구하라.

동전이 어떤 모양일지 궁금하다.

[답]

한 번 던졌을 때 앞면이 나올 확률을 p라고 둔다.

두 번 연속 앞면이 나올 확률은 p^2이고, 이것은 $\frac{1}{2}$과 같으므로 $p^2 = \frac{1}{2}$이 성립한다. 따라서 $p = \frac{1}{\sqrt{2}} = \frac{\sqrt{2}}{2}$다.

문제에서는 무리수가 한 번도 나오지 않았는데 답은 무리수[*1]다. 그 점이 이상하게 느껴질 수도 있다.

이 문제의 특징은 '$p^2 = \dfrac{1}{2}$'이라는 방정식을 '두 번 연속 앞면이 나올 확률은 $\dfrac{1}{2}$'이라고 표현함으로써 문제 속에 잘 숨겨둔 것이다. 한 번 읽는 것만으로는 확률이 무리수라고 알아차리기 어렵다.

$\sqrt{2} = 1.414\cdots$이므로 이 동전의 앞면이 나올 확률은 $\dfrac{\sqrt{2}}{2} = 0.707\cdots \fallingdotseq 70\%$다. 이 동전이 어떤 모양인지 정확히 알 수는 없지만 **꽤나 찌그러져 있을 것으로 추측된다.** 그러니 지갑 안에서도 자리를 많이 차지해 보관하기 어려울 것이다.

[*1] 무리수

무리수란 분수($\dfrac{\text{정수}}{\text{정수}}$)로 나타낼 수 없는 수를 말한다.

예를 들어 제곱해 2가 되는 수인 $\sqrt{2}$나, 원주율 $\pi = 3.141592\cdots$는 무리수다.

비에 젖지 않을 확률

(@유명한 문제)

[문제]

2m × 2m인 정사각형 공간에 수직으로 비가 내리고 있다. 여기서 반지름이 1m인 동그란 우산을 썼을 때 우산이 빗방울을 막아낼 확률을 구하라.

> 일상생활에서 자주 접할 수 있는 상황이다.

[답]

$\dfrac{\text{우산의 넓이}}{\text{정사각형의 넓이}}$ 를 계산하면 되므로 구하려는 확률은 $\dfrac{\pi}{4}$ 다.

확률 안에 무리수인 π(원주율)가 나온다. 이 문제를 응용함으로써 원주율을 구할 수 있다. 정사각형 공간 전체에 떨어진 빗방울 수와 우산에 떨어진 빗방울 수를 모두 센다. 그러면 $\dfrac{\text{우산에 떨어진 빗방울 수}}{\text{전체 공간에 떨어진 빗방울 수}}$ 는 빗방울 수가 늘어남에 따라서 $\dfrac{\pi}{4}$에 가까워진다.

하지만 빗방울 수를 하나씩 세는 일은 초고속 카메라를 사용하더라도 너무나 고생스럽다. 그러니 컴퓨터를 이용해 시뮬레이션해보자. 먼저 컴퓨터로 원에 외접하는 정사각형을 그리고, 정사각형 안에 임의로 점을 찍는다. 그러면 찍은 점의 수와 원 안쪽에 찍힌 점의 수의 비율은 점점 $\dfrac{\pi}{4}$에 가까워진다. 이렇게 확률(또는 넓이나 부피 등)을 구하는 방식을 **몬테카를로 방법**이라고 한다.

WAY 3

카지노에서 파산하지 않을 확률

(@kiri8128)

[문제]

어떤 카지노에서는 1원으로 다음과 같은 게임에 참가할 수 있다.

'평범한 동전을 던져서 앞면이 나오면 3원을 받을 수 있다.'

당신은 소지금 1원만 들고 카지노에 가서 파산할 때까지 이 게임을 계속하려고 한다.

당신이 무한히 게임을 계속할 수 있는 확률은 얼마인가?

[답]

소지금을 n원이라 하고, 게임을 계속하다가 파산할 확률을 p_n이라 하자. 확률의 합계는 1이므로, 이 문제에서 구할 '무한히 게임을 계속할 수 있는 확률(＝파산하지 않을 확률)'은 $1 - p_1$이다.

> 돈이 계속 늘어난다니 정말 기쁜 일이다.

한 번의 게임에서 일어날 수 있는 일은 다음의 두 가지다.

$$\begin{cases} \dfrac{1}{2}\text{의 확률로 앞면이 나온다} \longrightarrow \text{소지금이 2원 늘어난다}(p_n \text{이 } p_{n+2} \text{가 된다}) \\ \dfrac{1}{2}\text{의 확률로 뒷면이 나온다} \longrightarrow \text{소지금이 1원 줄어든다}(p_n \text{이 } p_{n-1} \text{이 된다}) \end{cases}$$

따라서

$$p_n = \frac{1}{2}p_{n+2} + \frac{1}{2}p_{n-1} \cdots ①$$

이 성립하는 것을 알 수 있다!

그리고 '소지금이 n원부터 시작해 $n-1$원이 될 확률'은 '소지금이 1원에서 0원이 되는(파산하는) 확률'과 같으므로 p_1이다.

즉 '소지금 n원부터 시작해 파산한다'는 것은 '소지금 1원부터 시작해 파산하기를 n번 반복한다'는 것과 같은 뜻이다.

따라서

$$p_n = p_1{}^n \cdots ②$$

가 성립하므로, 식 ①과 ②에 의해

$$p_1{}^n = \frac{1}{2}p_1{}^{n+2} + \frac{1}{2}p_1{}^{n-1}$$

$$2p_1{}^n = p_1{}^{n+2} + p_1{}^{n-1}$$

$$2p_1 = p_1{}^3 + 1$$

$$p_1{}^3 - 2p_1 + 1 = 0$$

$$(p_1 - 1)(p_1{}^2 + p_1 - 1) = 0$$

$$p_1 = 1, \frac{\sqrt{5} \pm 1}{2}$$

이다. 여기서 확률은 1보다 커지지 않는다는 점에서 $0 < p_1 < 1$이 성립하므로, $p_1 = \dfrac{\sqrt{5}-1}{2}$이다! 따라서 구하려는 확률은 $1 - p_1 = \dfrac{3-\sqrt{5}}{2}$라는 것을 알아냈다!

p_1을 구하려고 할 때 오히려 일반화한 p_n에 대해 생각하는 편이 문제 해결에 도움이 되기도 한다. 이렇듯 우리의 직관과 달리 구체적인 문제를 일반화(추상화)했을 때 풀기 쉬워지는 현상을 **발명가의 역설**이라고 한다.

떨어뜨린 막대기

(@유명한 문제)

[문제]

막대기 하나를 바닥에 떨어뜨리자 세 조각으로 부러졌다. 이 세 조각을 변으로 하는 예각 삼각형이 만들어질 확률을 구하라.

정말 이렇게 부러졌느냐고 묻지 말기를 바란다.

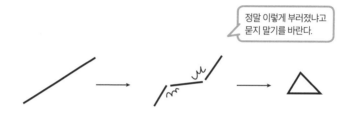

예각 삼각형이란 모든 각이 90°보다 작은 삼각형을 일컫는다. 이 문제는 1981 년 영국 수학학술지 『The Mathematical Gazette』에 소개된 것이다.

이 문제는 제법 어렵다! 솔직히 말해서, 수학에 자신이 없는 사람이 이 증명을 보면 외계어를 읽는 듯한 기분이 들어서 이 책을 덮어버릴 수도 있다.

수학의 즐거움을 전파하는 책에서 트라우마를 겪게 만들고 싶지 않기 때문에, 이 문제는 **"난 수학을 좋아해!"** 라고 당당히 말할 수 있는 사람만 읽기 바란다. '앞으로 좋아질 예정'인 사람은 다음 문제로 넘어가도 좋다.

[힌트]

세 조각의 길이를 각각 a, b, c 라 하고, 이 조각들로 예각 삼각형이 만들어지는 조건을 공식으로 나타내보자. 만약 $a \leq b \leq c$ 라면, 예각 삼각형이란 가장 큰 각 C가 90° 미만인 삼각형이므로 구하려는 조건은 $\cos C > 0$ 이다.

코사인 정리에 의해

$$\cos C = \frac{a^2 + b^2 - c^2}{2ab}$$

이 성립한다는 것을 고려하면 구하려는 조건은 $a^2 + b^2 > c^2$ 와 동치다.

[답]

원래 막대기의 길이는 1이라고 해도 무방하다. 세 조각의 길이를 각각 x, y, $1 - x - y$ 라 하면,

$$x > 0 \text{이고} \ y > 0 \text{이고} \ 1 - x - y > 0 \cdots ①$$

이고, 세 조각으로 예각 삼각형이 만들어지는 조건은

$$x^2 + y^2 > (1 - x - y)^2 \text{이고} \ y^2 + (1 - x - y)^2 > x^2 \text{이고}$$

$$(1 - x - y)^2 + x^2 > y^2 \cdots ②$$

일 때다.

이를 그래프로 그리면 다음과 같다.

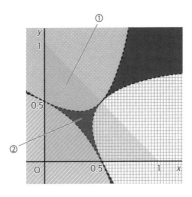

구하려는 확률은 ①의 넓이 중에 ②가 차지하는 비율에 해당하므로, 적분해 넓이를 구하면,

$$① = \frac{1}{2}, \quad ② = \frac{3}{2}\log 2 - 1$$

이다. 따라서 구하려는 확률은 다음과 같다.

$$\left(\frac{3}{2}\log 2 - 1\right) \div \frac{1}{2} = 3\log 2 - 2$$

답에 자연로그 log가 나와서 확률은 무리수가 된다.

구한 확률인 $3\log 2 - 2$는 약 0.079이므로 예각 삼각형이 만들어질 확률이 아주 낮다는 것을 알 수 있다. 자신이 예상한 확률보다 낮다고 생각하는 사람도 있을 것이다. **왜냐하면 '막대기의 어느 부분에서든 부러지는 확률은 같다'라고 문제를 설정했으므로, 막대기의 끝이 부러지는 확률도 고려해야 하기 때문이다.**

관심 있는 사람은 적분해 넓이를 구하는 것까지 해보자.

수학자 이야기 ① 오카 기요시

오카 기요시는 일본이 자랑하는 천재 수학자 중 한 사람이다. 하지만 자신이 천재라고 불리는 것을 싫어했다고 전해진다.

1901년 일본 와카야마에서 태어난 오카는 교토대학교 이학부에 입학했다. 그후 자연스럽게 대학의 조교수가 되었고 프랑스 유학을 결심했다. 그리고 프랑스 유학 시절에 자신의 인생을 걸게 될 연구 주제인 '다변수 복소함수론'을 만나게 되었다. 당시에는 거의 미개척 분야였지만 오카는 자신의 일생을 바쳐 연구에 매진했다.

그리고 해결 불가능이라 여겨진 난문을 3개나 해결하며 수학계를 뒤흔들었다. 그 업적이 얼마나 대단한 것이었는지, 서양의 어떤 수학자는 'OKA KIYOSHI'라는 명칭이 사람 이름이 아니라 수학자 집단의 이름이라고 착각할 정도였다. 오카의 대단한 업적을 기리며 문화훈장이 수여되기도 했다. 수상 당시에 쇼와 천황에게 "수학은 어떤 학문입니까?"라는 질문을 받고, "생명을 불태우는 일입니다"라고 답한 것으로 전해진다.

자신의 표현대로, 오카는 아침부터 밤까지 수학과 관련되지 않은 일은 전혀 하지 않았다고 한다. 고독한 연구생활을 이어갔던 오카는 마음에 병이 들어 조울 상태였다는 이야기도 있다. 그가 삶을 대하는 태도에서 우리가 배워야 할 것은 '목숨을 불태울 정도로 집중할 수 있는 무언가'를 찾는 것이다. 그것을 알려주듯이 오카는 다음과 같은 말을 남겼다.

"인간은 극단적으로 무언가에 몰두하면 반드시 그것을 좋아하게 되어 있다. 좋아지지 않는 것이 오히려 이상할 정도다."

정수에 아주 가까운 수를 찾아라

'인도의 마술사'라 불리는 라마누잔은 다음과 같은 수를 발견했다.

$$22\pi^4 = 2143.00000274\cdots$$

$22\pi^4$은 물론 무리수지만, 소수점 아래 다섯 번째 자리까지 연속으로 0이 나오기 때문에 거의 정수라고 생각할 수 있다. 이렇듯 정수는 아니지만 정수에 매우 가까운 값을 가질 때 그 수를 '정수에 아주 가까운 수'라고 표현한다.

이 장에서는 라마누잔을 본받아 정수에 아주 가까운 수를 알아보자!

정수에 아주 가까운 수를 찾는 것은 취미생활이나 게임처럼 여겨질 때가 많지만, 그 숫자가 정수에 가까운 값을 가지는 것은 우연의 산물이 아니라 이론을 바탕으로 도출된 필연적인 결과인 경우도 있다.

따라서 정수에 아주 가까운 수를 찾는 것은 의미 있는 일이다.

정수에 아주 가까운 수를 찾아라

LEVEL ★★★★

—————— WAY **1** ——————

e 와 π 를 사용한다

(@Keyneqq)

이걸 전부 생각해내기
까지 시간이 얼마나
걸렸을까?

$$(\pi + e) + \pi e + \frac{\pi}{e} + \sqrt[e]{e} = 17.00000391\cdots$$

$$\pi(2e)^2 - e - e^{-2} = 90.000000317\cdots$$

$$(5^\pi - 4^\pi + 2^\pi) - (5^e - 4^e + 3^e) = 32.00000000284\cdots$$

$$\frac{\sqrt{e^{\sqrt{e}}}e^e + \sin\left(\sqrt{e^{\sqrt{e}}}e^e\right)}{\pi} = 11.000000000011\cdots$$

이 식들은 작성자가 e 와 π 를 사용해 정수에 아주 가까운 수를 만들면서 놀다가 발견했다고 한다.

마치 라마누잔이 살아 돌아온 것만 같은 천재적인 발상이다.

수식 미술관에서 전시를 관람한다는 기분으로 식의 아름다움과 재미를 하나 하나 즐겨보기 바란다.

WAY 2

겔폰드 상수

(@겔폰드)

$$e^{\pi} - \pi = 19.999099979\cdots$$

네이피어의 수 e 를 원주율 π 제곱한 정수인

$$e^{\pi} = 23.14069\cdots$$

는 **겔폰드 상수**라 불리는 무리수다. 구체적으로 나누자면 무리수 중에서도 **초월수**로 분류된다. 겔폰드 상수와 π 의 차는 20에 가깝다.

네이피어의 수 e 와 원주율 π 가 만나서 정수에 아주 가까운 수가 된다니!

틀림없이 그 뒤에는 아름다운 수학적 필연성이 있을 것이다!

…라고 생각했다면, 미리 사과한다.

이것이 왜 정수에 아주 가까운 수가 되는지 합리적인 이유는 발견되지 않았고 그저 우연에 불과하다는 설이 유력하다.

반대로 말해, 배후에 숨겨진 수학적 이유를 발견한다면 일약 수학계의 유명인사가 될 수 있을 것이다.

한 번쯤은 그런 꿈을 꿔보자.

WAY 3

sin을 이용한다

(@유명한 문제)

$$\sin 11 = -0.9999902\cdots$$

$\sin 11$이 -1에 아주 가까운 값이 된다는 것은 합리적인 방법으로 도출할 수 있다. 바탕이 되는 것은 $\frac{22}{7}$가 원주율 π에 가까운 값이 된다는 사실이다. 이와 관련된 내용은 '문제 9 원주율을 구하라'의 WAY 1에서 자세히 다루었다.

$\pi \fallingdotseq \frac{22}{7}$의 분모를 없애면 $7\pi \fallingdotseq 22$가 성립한다. 따라서

$$\cos 22 \fallingdotseq \cos 7\pi = -1$$

이다. 여기서 반각 공식에 의해

$$\sin^2 11 = \frac{1 - \cos 22}{2} \fallingdotseq \frac{1 - (-1)}{2} = 1$$

이다. 따라서 $\sin 11 < 0$임에 주의하면 $\sin 11$이 -1에 아주 가깝다는 것을 알 수 있다. 11 외에 $\sin n$이 정수에 가까운 수가 되는 자연수 n을 컴퓨터 프로그램을 통해 계산했더니

$$\sin 344 = -0.9999903\cdots$$

이라는 사실을 발견했다.

이는 $\pi \fallingdotseq \frac{344 \times 2}{219}$가 성립한다는 사실을 바탕으로 한다.

아무래도 $\sin n$과 π의 분수 근사는 밀접한 관계가 있는 듯하다.

WAY 4

미터 정의

(@유명한 문제)

$$\frac{g}{\pi^2} = 0.993621\cdots$$

여기서 g는 지구 표면에서의 중력가속도로, 측정하는 위치에 따라 조금씩 차이가 있지만,

$$g = 9.80665\,[\mathrm{m/s^2}]$$

이 표준으로 사용되고 있다.

중력가속도 g와 원주율을 제곱한 값의 비율이 1에 가까운 것은 필연적인 사실일까?

사실 여기에는 수학적이라기보다 물리적인 이유가 있다.

해결의 열쇠를 쥐고 있는 것은 진자시계다.

진자시계는 움직이는 진자에 의해 작동하는 시계로, 진자의 1주기(진자가 원래 자리로 돌아오는 데 걸리는 시간)는 2초다. 진자의 1주기 T는 진자의 길이 L, 중력가속도 g, 원주율 π를 이용해

$$T = 2\pi\sqrt{\frac{L}{g}}$$

로 구할 수 있다.

이 식은 고등학교 물리 시간에 배운다!

g와 π는 상수이므로 앞의 식은 T와 L 중 한쪽이 결정되면 다른 한쪽도 자동으로 결정된다. 이번에 예로 든 진자시계는 주기가 2초이므로 $T = 2$(초)를 대입해 변형하면

$$L = \frac{g}{\pi^2}$$

가 되어서 L이 구해진다. 옛날 사람들은 이 식을 보고 '이때의 길이 L을 1미터라고 하자!'라고 정했다.

즉 과거에는 $1 = \dfrac{g}{\pi^2}$ 였다.

하지만 이 정의가 모호하다는 사실이 나중에 밝혀졌다. 중력가속도 g는 지구 위에서 측정하는 장소에 따라 다르기 때문이다. 결국 미터의 정의를 바꾸지 않을 수 없게 되어서 다양한 대안이 나오기 시작했다. 지구 둘레의 4000만 분의 1을 1미터로 정의하기도 하고, 미터원기를 만들어서 그것의 길이로 미터를 정의하기도 했다. 현재에는 '1미터는 빛이 1/299792458초 동안 진공에서 진행한 거리'라고 정의되고 있다.

1미터의 길이는 크게 바뀌지 않았지만, 최초의 정의와 현재의 정의 사이에는 다소 차이가 있다. 그 차이가 $\dfrac{g}{\pi^2} = 1$을 $\dfrac{g}{\pi^2} = 0.993621\cdots$로 바꾸었다.

$\dfrac{g}{\pi^2}$가 정수에 아주 가까운 수인 것은 단순한 우연이 아니라, 미터의 정의가 변화하면서 초래된 필연이었다.

WAY 5

인공적으로 만든 정수에 아주 가까운 수

(@Keyneqq)

> 자신을 정수라고
> 생각하는 것 같다.

$$\frac{2}{\pi}\{11 - \sinh\cos 11 - \sinh\cos(11 - \sinh\cos 11)\}$$

$$= 7.0000000000000000000000000000000000000000$$

$$00000000000000000000000788\cdots \quad [*1]$$

이 수에는 0이 연속으로 66개나 나온다.

놀라울 정도로 정밀한, 정수에 가까운 수다!

이 정도가 되면 정수라고 볼 수밖에 없다. 사실 이 수가 우연히 정수에 아주 가까운 수가 된 것은 아니다. 작성자가 **인공적으로 만들어낸 정수에 아주 가까운 수**다. 그런 방식은 정수에 아주 가까운 수를 찾는 게임에서,

속임수에 가까운 행위다.

이 수학적 속임수가 어떻게 이루어졌는지 살펴보자.

이 식이 어떻게 만들어졌는지 이해하는 데는 대학에서 배우는 고도의 수학 지식이 필요하므로 **이제부터 수학을 좋아할 예정인 사람은 다음 문제로 넘어가도 좋다!**

[*1] $\sinh x$ 는 하이퍼볼릭 사인이라 불리는 함수로,

$\sinh x = \dfrac{e^x - e^{-x}}{2}$ 이라고 정의된다.

[과정]

$\sinh x$와 $\arcsin x$를 테일러 전개하면 다음과 같다.

$$\sinh x = x + \frac{x^3}{6} + \frac{x^5}{120} + \frac{x^7}{5040} + \cdots$$

$$\arcsin x = x + \frac{x^3}{6} + \frac{3}{40}x^5 + \frac{5}{112}x^7 + \cdots$$

x^4항까지 테일러 전개가 일치하므로 $\sinh x$는 $x = 0$ 부근에서 $\arcsin x$에 매우 가까워진다는 것을 알 수 있다.

따라서 $\sinh(\sin x)$는 $x = 0$ 부근에서 항등 함수 x에 가까워질 것이라 예상되고, 실제로 테일러 전개를 하면 그 사실을 확인할 수 있다.

$$\sinh(\sin x) = x - \frac{x^5}{15} + \frac{x^7}{90} + \cdots$$

여기서 $F(x) = x - \sinh(\cos x)$라는 함수에 $x = 11$을 대입하자.

$\frac{22}{7} \fallingdotseq \pi$이니까 $11 \fallingdotseq \frac{7}{2}\pi$가 성립하므로, ε을 0에 가까운 실수라 하고 $11 = \frac{7}{2}\pi + \varepsilon$이라고 둘 수 있다.

$$F(11) = F\left(\frac{7}{2}\pi + \varepsilon\right) = \left(\frac{7}{2}\pi + \varepsilon\right) - \sinh\left(\cos\left(\frac{7}{2}\pi + \varepsilon\right)\right)$$

$$= \frac{7}{2}\pi + \varepsilon - \sinh(\sin\varepsilon)$$

$$\fallingdotseq \frac{7}{2}\pi + \frac{\varepsilon^5}{15}$$

$F(11)$을 $F(x)$에 대입하면

$$F(F(11)) = F\left(F\left(\frac{7}{2}\pi + \varepsilon\right)\right) \fallingdotseq F\left(\frac{7}{2}\pi + \frac{\varepsilon^5}{15}\right)$$

$$\fallingdotseq \frac{7}{2}\pi + \frac{(\varepsilon^5/15)^5}{15}$$

이다. 이렇게 $\frac{7}{2}\pi$에 매우 가까운 수를 만들 수 있다. 계산하면

$$F(F(11)) \fallingdotseq \frac{7}{2}\pi + 1.23 \times 10^{-66}$$

이 된다.

처음에 소개한 식은 $F(F(11))$에 $\frac{2}{\pi}$를 곱한 것으로, 7에 가깝다.

$$\frac{2}{\pi}F(F(11)) \fallingdotseq 7 + 7.88 \times 10^{-67}$$

이 방법은 반복해 대입함으로써 7에 가까운 수를 얼마든지 만들 수 있다는 점에서 대단하다.

정말이지 속임수에 가까운 기술이다.

수학자 이야기 ② **쿠르트 괴델**

대수학자 데이비드 힐베르트는 수학의 명제를 형식화함으로써 수학의 무모순성을 보여주는 실험인 '힐베르트 계획'을 시행했다. 이 계획에 크나큰 영향을 미친 젊은 천재가 있었으니, 바로 쿠르트 괴델이다.

쿠르트 괴델은 '불완전성 정리'를 증명함으로써 당시의 힐베르트 계획이 힐베르트의 목적을 달성하기에는 충분하지 않다는 것을 보여주며 계획을 발전시키는 데 공헌했다.

불완전성 정리가 어떤 내용인지 가능한 한 쉽게 설명하자면, '특정 체계에서 증명과 반증이 불가능한 명제가 존재한다', '무모순인 체계는 자신의 무모순성을 증명할 수 없다'는 것이다. 더 설명하기는 어려우므로, 괴델의 주장을 정확하게 이해하고 싶다면 관련된 수학 논문을 읽어보기 바란다.

빈대학교에서 강사로 일하던 괴델은 나치에서 벗어나기 위해 아내와 함께 미국으로 이주했다. 미국 시민권을 취득할 때 보증인이 되어준 사람이 그 유명한 아인슈타인이다. 괴델은 아인슈타인과 수학, 철학, 물리학을 주제로 자주 의견을 주고받았다고 전해진다.

괴델은 시민권을 얻기 위해 미국 헌법에 관련된 면접을 봐야 했다. 그런데 면접 당일 괴델은 면접관과 아인슈타인에게 "헌법을 위반하지 않으면서 미국이 독재국가가 될 수 있는 방법을 발견했다"고 해서 주변 사람들을 당황하게 만들었다는 일화가 있다.

'헌법의 각 조문이 모순되지 않도록 구성되어 있다'는 점에서, 헌법은 수학의 공리계와 비슷하다고 볼 수 있다. 불완전성 정리를 증명한 괴델에게 헌법은 수학책처럼 보였을지도 모른다.

'이상한 수학 문제'를 만들어라

수학을 공부하다 보면 가끔 예상을 완전히 빗나가는 것이 진실일 때가 있다.
그것이 변칙적이고 예측 불가능하며 직관에 반할 때, 수학 마니아들은 그런 사실을 '이상하다'라고 표현한다. 반대로 예상한 대로 답이 나올 때는 '착하다'라고 표현한다.
이 장에서는 수학 마니아들도 골치 아파하는 '이상한 수학 문제'를 몇 가지 소개하겠다.

문제 12 '이상한 수학 문제'를 만들어라

이제부터 수학계에서 유명한 '이상한 수학 문제'를 소개하겠다.

LEVEL ★★
～～～～～～～～～～～ WAY 1 ～～～～～～～～～～

정사각형을 최대한 빈틈없이
채워 넣는 법

(@유명한 문제)

큰 정사각형 안에 같은 크기의 작은 정사각형을 채워 넣는 문제다.

넓이가 1인 작은 정사각형 n개를 채워 넣을 수 있는 가장 작은 정사각형의 한 변의 길이 $s(n)$은 얼마일까?

예를 들어, 정사각형이 4개인 경우에는 가로세로에 2개씩 배치하면 정사각형을 딱 맞게 채울 수 있다. 따라서 $s(4)$는 2다. 그렇다면 정사각형이 5개일 때는 어떨까? 23개일 때는? 100개를 넘으면?

그런 것을 생각하는 문제다. 참고로 s는 'side'의 첫 글자에서 따왔다.

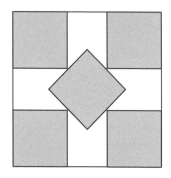
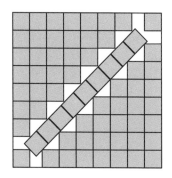

이 문제가 처음 등장했을 때는 앞의 그림처럼 45°로 기울인 정사각형을 모아서 깔끔하게 배열하는 방법이 일반적이었다. 규칙적으로 채워 넣을 수 있는 방법이라는 것을 직감적으로도 알 수 있다.

물론 이 방법이 최선인 경우도 있지만, n값에 따라서는 오히려 작은 정사각형을 비껴서 배열할 때 $s(n)$이 작아지는 경우도 있다는 것이 밝혀졌다.

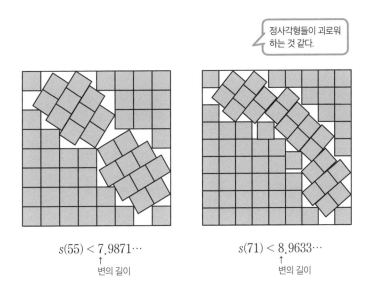

정사각형들이 괴로워하는 것 같다.

$$s(55) < 7.9871\cdots$$
↑
변의 길이

$$s(71) < 8.9633\cdots$$
↑
변의 길이

왼쪽은 작은 정사각형 55개, 오른쪽은 작은 정사각형 71개를 최대한 빈틈없이 채워 넣는 경우에 대한 해답 중 현시점에서 가장 적합한 답이다. 이렇게 억지로 욱여넣은 듯한 방법이 최적해라니, 우리의 직감에 반하는 답이다.

만약 일상생활에서 정육면체인 박스를 여러 개 수납해야 할 일이 생긴다면 이 방법을 참고해 **조금씩 어긋나게 배치하는 것**이 도움이 될 수도 있다.

수학 연금술

(@바나흐와 타르스키)

때는 20세기 초, 폴란드의 수학자인 바나흐와 타르스키는 어떤 말도 안 되는 정리를 증명해냈다. 그것을 **바나흐-타르스키 정리**라고 한다. 이 정리에 따르면 하나의 구를 유한 개 조각으로 분해한 후에 다시 조립해 같은 크기의 구를 2개 만들 수 있다고 한다.

쉽게 말해 '수박을 막대로 내리쳐서 산산조각 낸 후에, 그 수박 파편을 잘 조립하면 원래 크기의 수박을 2개 만들 수 있다'는 뜻의 정리다.

수박을 내리쳐서 쪼갠 후에
수박 조각들로 수박을
2개 만들어보자(불가능함).

정말 그럴까? 언뜻 봐서는 믿을 수 없는 이야기다.

이 정리가 실제로 성립한다면 수박 쪼개기를 무한히 할 수 있고, 식량 문제도 해결된다! 1개의 구에서 2개의 구를 만들어내므로 연금술이라고도 표현할 수 있다. 이 정리는 우리의 직감을 너무나도 벗어나기 때문에 **바나흐-타르스키 역설**이라고도 부른다(실제로는 역설이 아니다).

결론부터 말하자면,

아쉽지만 이 정리는 현실 세계에서 성립하지 않는다.

하지만 수학 세계에서는 성립한다는 것이 증명되었다.

즉 이 정리는

현실 세계와 논리(수학) 세계가 같지 않다는 사실을 시사한다.

그렇다면 이 정리는 정말 성립되는 것일까? 바나흐 – 타르스키 정리를 증명하는 것은 어려운 일이지만, 직관적으로 이해하기 위해 다음과 같은 사고 실험을 해보자.

두 가지 문자 A, B만으로 만들어진 문자열을 떠올려보자.

예를 들면 A, B, AB, ABBA, BABBA, BBBBBBBB… 등이 있다. 이러한 문자열이 모두 실린 사전이 있다고 하자.

그리고 사전에 실린 문자열을 A로 시작하는 것과 B로 시작하는 것으로 나누어서 '사전 A'와 '사전 B'를 새로 만들자.

그러면 사전 A에는 A, AA, AAB, ABBAA 등 A로 시작하는 모든 문자열이, 사전 B에는 B, BBA, BAAB, BABA, BABBB 등 B로 시작하는 모든 문자열이 실리게 된다.

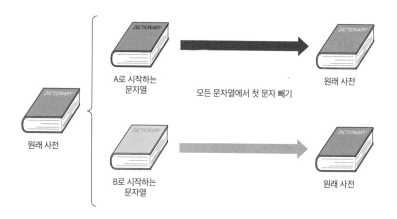

이때 사전 A와 사전 B의 모든 문자열에서 첫 문자를 빼면 어떻게 될까?

사전 A는 첫 문자인 A가 빠져서 A, AB, BBAA 등 A와 B로 구성된 모든 문자열이 실린 사전, 즉 원래 사전과 같아진다.

사전 B는 첫 문자인 B가 빠져서 BA, AAB, ABA, ABBB 등이 실린 원래 사전과 같아진다.

즉 하나의 사전에서 2개의 사전이 만들어진 것이다.

참고로 바나흐 – 타르스키 정리의 증명에서는 **선택 공리**라는 수학적인 규칙을 활용하고 있다.

선택 공리란 공집합이 아닌 집합족이 있을 때, 집합족의 각 집합에서 원소를 하나씩 선택해 새로운 집합을 만들 수 있다는 것이다. 사전을 예로 든 사고 실험에서는 선택 공리를 활용할 필요가 없지만, 수박 같은 구의 경우에는 이야기가 복잡해지기 때문에 선택 공리가 필요하다.

무림의 고수

(@가케야 소이치)

1916년 일본 수학자 가케야 소이치는 다음과 같은 문제를 연구해보았다.

"무릇 무사란 언제나 칼을 지니고 있어야 하는 법이니, 화장실에 들어갈 때도 예외가 아니다. 화장실 안에서 적의 공격에 맞서야 하는 일이 생겼을 때, 칼을 휘두를 수 있는 공간의 최소 넓이는 어느 정도일까?"

이렇게 우연히 떠오른 의문은 이후 **가케야 문제**라 불리게 되었다.

[가케야 문제]
길이가 1인 봉을 1회전할 때 봉이 통과하는 영역의 넓이가 최소인 도형은 무엇일까?

예를 들어 이 봉은 지름이 1인 원 안에서 1회전할 수 있다.

원의 넓이는 $\dfrac{\pi}{4} = 0.78539\cdots$다. 이보다 넓이가 작은 도형 안에서도 1회전할 수 있을까? 한번 고민해보기 바란다. 가케야는 다음과 같은 도형을 떠올렸다.

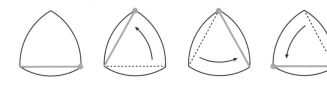

이것은 정삼각형의 세 꼭짓점에 컴퍼스를 놓고 그릴 수 있는 도형으로, **뢸로 삼각형**이라고 한다.

넓이는 $\dfrac{\pi - \sqrt{3}}{2} = 0.70477\cdots$이어서 원보다 조금 작다.

'뢸로 삼각형이 가장 작은 도형일까?' 하고 생각한 가케야에게 "아닙니다, 더 있어요" 하고 나타난 사람들이 같은 시대의 수학자인 후지와라와 구보타였다. 높이가 1인 정삼각형 안에서도 봉을 회전시킬 수 있다고 한 것이다.

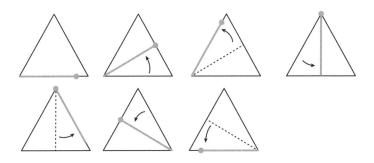

어떤가, 이 군더더기 없는 움직임이. 무림의 고수처럼 세련되었다. 넓이는 $\frac{1}{\sqrt{3}} = 0.57735\cdots$로 매우 작아졌다. 사실 볼록 다각형 중에서는 정삼각형의 넓이가 최소라는 것이 증명되었다! 그렇다. 볼록 다각형이라면 이것이 정답이다.

그런데 가케야 문제의 진면목은 여기서부터다.

오목 다각형 중에서 최소 넓이를 찾아보자.

사실 오각별 안에서도 봉을 회전시킬 수 있다.

상당히 **정교한 움직임**으로 봉을 1회전시키는 데 성공했다. 하지만 넓이는 0.5877…로, 아쉽지만 정삼각형보다 크다.

그러나 포기하기에는 아직 이르다.

별에서 뾰족한 끝부분의 수를 늘려보자.

오각별 안에서와 같이 봉을 회전시킬 수 있다는 것을 확인하자. 단순히 뾰족한 끝의 수를 늘리기만 하면 되는 것은 아니지만, 이 아이디어를 활용하면 넓이를 $\frac{\pi}{108} = 0.029\cdots$에 가깝게 줄일 수 있다! 이 넓이는 무려 처음 원의 $\frac{1}{27}$에 해당한다.

놀랄 일은 더 남아 있다. 훨씬 굉장한 사실이 우리를 기다리고 있다.

형태를 더욱 과감하게 변화시킴으로써

넓이를 얼마든지 줄일 수 있다는 것이 증명되었다.

도대체 어떤 도형일까? 바로 이것이다.

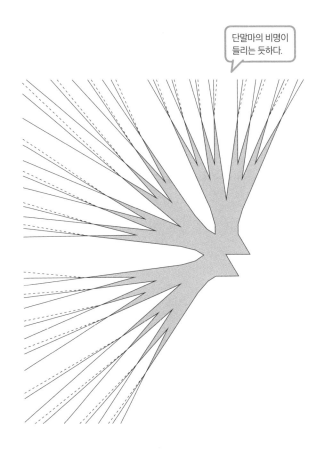

이 도형은 **페론의 나무**[*1]라 불린다. 도대체 이런 도형을 어떻게 생각해낸

것일까?

간략하게 설명해보자면, 페론의 나무 안에서 봉을 평행 이동시킬 때 다음과 같은 움직임이 일어난다.

페론의 나무

수학에서는 '**선분에는 두께가 없다**'라고 본다. 그 점을 잘 이용하고, 각도 θ를 줄임으로써 봉이 통과하는 영역의 넓이를 얼마든지 줄일 수 있다.

현실 세계의 예로 바꿔 생각하면 도쿄 스카이 트리(도쿄에 있는 전파탑으로 높이는 634m – 옮긴이)**보다 긴 봉도 당신의 손바닥보다 작은 곳에서 회전시킬 수 있는 것이다.**

하지만 우리의 감각으로는 절대로 받아들여지지 않는 사실이다.

'이상한 수학'이라는 표현이 더할 나위 없이 어울리는 문제다.

[*1] 정확히 말해 페론의 나무는 통과하는 영역의 넓이를 줄이기 위한 극한 조작 과정에서 얻을 수 있는 도형이다.

몬티 홀 문제

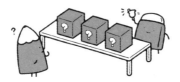

몬티 홀 문제란 미국의 TV 프로그램에서 몬티 홀이라는 사회자가 진행하던 게임과 관련된 문제로 간단하게 설명하면 다음과 같다.

상자 A, B, C가 있다. 이 중 한 상자에는 자동차 열쇠가 들어 있고, 나머지 두 상자는 비어 있다. 당신은 이 중에서 하나를 고를 수 있는데, 열쇠를 선택하면 자동차를 받을 수 있다.

만약 당신이 상자 A를 골랐다고 해보자. 그러면 사회자는 당신이 고르지 않은 상자 중 아무것도 들어 있지 않은 상자 B를 열어서 보여준다. 그러고는 이렇게 말한다.

"원한다면 상자 A에서 상자 C로 바꾸어도 됩니다." 이때 당신은 선택을 바꿔야 할까? 아니면 바꾸지 말아야 할까?

상자 A와 C 중 한쪽이 당첨이라면 무엇을 고르더라도 당첨될 확률은 50%이므로 선택을 바꾸든 바꾸지 않든 확률은 변하지 않는다는 생각이 들 수 있다. 게다가 만약 선택을 바꾸었다가 열쇠를 놓치면 그것만큼 속상한 일도 없다. 그렇다면 바꾸지 않는 편이 나은 것일까?

이 게임의 당첨 확률을 구하는 방법은 여러 가지가 있는데, 가장 간단한 방법을 살펴보자.

처음에 고른 상자에서 선택을 바꾸지 않는다면, 세 가지 보기 중에서 하나를 맞히는 것이므로 당첨될 확률은 물론 $\frac{1}{3}$이다.

한편 선택을 바꾼다면, 처음에 빈 상자를 골랐을 경우에는 반드시 자동차 열쇠를 고르게 되므로 당첨될 확률은 $\frac{2}{3}$가 된다. 즉 선택을 바꾸면 당첨 확률은 2배가 되는 것이다.

1=2임을 보여라

1년에 한 번, 거짓말을 해도 되는 날인 만우절.

평소에도 수학만 생각하는 수학 마니아들은 만우절에도 수학을 이용해 거짓말을 한다.

수학에서는 거짓말, 즉 잘못된 증명을 위증이라고 한다. 위증의 수준이 높아지면 한 번 보는 것만으로는 어디가 잘못되었는지 알아차리지 못한 채 잘못된 결론을 도출하게 된다.

이 장에서는 수학 마니아들이 생각해낸 주옥같은 위증을 소개하겠다. 도대체 어디가 잘못되었는지 고민하면서 읽어보기 바란다.

이번 문제에서는 1 = 2임을 증명함으로써 거짓말하는 법을 알아보겠다.

LEVEL ★★

~~~~~ WAY **1** ~~~~~

교묘한 식 변형

(@유명한 문제)

먼저 다음 식을 보자.

$$a = b$$

$$a^2 = ab$$

$$a^2 - b^2 = ab - b^2$$

$$(a-b)(a+b) = b(a-b)$$

$$a + b = b$$

$$a + a = a$$

$$2a = a$$

$$2 = 1$$

이 증명에서 어디가 잘못되었는지 눈치챘는가?

한번 생각해보자.

핵심은 네 번째 행과 다섯 번째 행 사이이다.

$$(a-b)(a+b) = b(a-b)$$

$$a+b = b$$

네 번째 행과 다섯 번째 행에 걸쳐 양변을 $a-b$로 나누고 있다.

하지만 첫 번째 행에서

$$a = b$$

라고 했으므로, $a-b=0$이니까 양변을 0으로 나누는 셈이 된다. 이것 때문에 이후 식에서 모순이 생긴다.

수학에서는 0으로 나누어서는 안 된다는 원칙이 있고, 전자계산기에서 0으로 나누기를 하면 오류라는 메시지가 뜬다. 예전에 미국 해군이 이지스함에 탑재된 프로그램을 조작하다가 실수로 0으로 나누기를 실행하는 바람에 시스템이 마비된 적이 있다. 그러자 선박의 주기관이 완전히 정지해 카리브해에서 두 시간 동안이나 표류해야 했다.

수학 시험에서도 감점 대상이 되므로

0으로 나누기는 모든 인류에게 눈엣가시 같은 존재다.

그럼 왜 0으로 나누면 안 되는 것일까?

우선 $1 \div 0$의 답을 x라 하자. 나눗셈은 곱셈의 역산이라 정의되므로, 이것은

$$1 \div 0 = x \Longleftrightarrow 1 = x \times 0$$

이라고 변형할 수 있다. 어떤 수라도 0을 곱하면 0이 되므로, 0을 곱해서 1이 되는 수 x는 존재하지 않는다. 하지만 여기서는 $1 = x \times 0$을 만족하는 x를 무리하게 정의해보자.

그러면

$$
\begin{aligned}
1 &= x \times 0 \\
&= x \times (0 + 0) \\
&= (x \times 0) + (x \times 0) \\
&= 1 + 1 \\
&= 2
\end{aligned}
$$

와 같이 1 = 2라는 말도 안 되는 식이 성립되고 만다.

양변에 1을 계속 더해가면

$$2 = 3, \ 3 = 4, \ 4 = 5 \cdots$$

가 되어 모든 자연수가 등식으로 묶이는 사태가 벌어진다.

무언가 잘못되어도 단단히 잘못되었다. 그러므로 '0으로 나누기'를 항상 조심해야 한다.

미분의 함정

(@유명한 문제)

$$\underbrace{x + x + \cdots + x + x}_{x가 \, x개} = x^2$$

양변을 미분하면 다음과 같다.

$$\underbrace{1 + 1 + \cdots + 1 + 1}_{1이 \, x개} = 2x$$

$$x = 2x$$

$$1 = 2$$

함수 $f(x) = x$ 를 미분하면 $f'(x) = 1$, $g(x) = x^2$ 을 미분하면 $g'(x) = 2x$ 다. 이것을 생각하면 왠지 위의 증명이 올바른 것처럼 느껴진다.

언뜻 보기에 맞는 것 같은 이 속임수의 핵심은 좌변의 'x 개'를 정수처럼 취급하는 데 있다.

x 를 미분한 1을 단순히 x 번 더하면 되는 것이 아니라, 실제로 'x 개'의 x 는 변수이므로 그 점을 고려해야 한다.

함수를 미분한다는 것은 그 함수의 기울기를 구한다는 뜻이다. 'x 가 x 개'라는 함수의 그래프를 그리지 못한다면, 애초에 이 함수를 미분하는 것도 불가능하므로 이 증명은 성립되지 않는다.

눈속임

(@유명한 문제)

다음 그림은 한 변의 길이가 1인 정삼각형이다. 검은색 선의 길이를 더하면 $1 + 1 = 2$다.

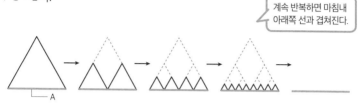

> 계속 반복하면 마침내 아래쪽 선과 겹쳐진다.

위의 그림과 같이 정삼각형의 꼭짓점을 아래쪽으로 접는다. 접는 부분인 점선과 접힌 부분인 실선의 길이가 같으므로 검은색 선의 길이의 합은 계속 2다. 이 작업을 무한히 반복하면 마침내 아래쪽 파란색 선 A와 겹쳐지게 된다. 파란색 선 A의 길이는 1이므로 $1 = 2$다.

어떤가? 직감적으로

'앗, 정말 2가 1이 됐잖아.'

하고 생각하는 사람도 있을 것이다. 하지만 그건 오해다. 검은색 선은 파란색 선 A에 가까워지는 것처럼 보이지만, 실제로는 몇 번을 반복해서 접더라도 선 A와 겹쳐지지 않으므로 $1 = 2$는 성립하지 않는다.

다음과 같은 위증도 있다.

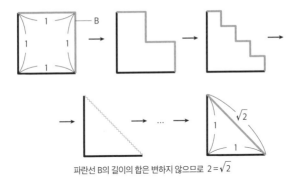

파란선 B의 길이의 합은 변하지 않으므로 $2 = \sqrt{2}$

이 위증은 정사각형의 오른쪽 위 꼭짓점을 안쪽으로 접는 것이다.

앞서 소개한 위증과 마찬가지로 접힌 부분인 파란선 B의 길이의 합은 변함없이 2다. 반복해서 접으면 이등변삼각형이 되고, 두 변의 길이가 1인 이등변삼각형의 나머지 한 변의 길이는 $\sqrt{2}$ 다. 따라서 $2 = \sqrt{2}$ 가 된다.

물론 이것이 위증임은 더 말할 것도 없다. 다만

'꽤나 그럴듯해 보인다'는 느낌이 드는 것도 사실이다.

'눈속임'이라는 이름에 어울리는 **대담한 거짓말이다.**

지수 타워의 함정

(@유명한 문제)

x의 오른쪽 위에 x가 무한히 놓인 함수 $f(x)$를 떠올려보자.

$$f(x) = x^{x^{x^{x^{x^{x^{x^{x}}}}}}}{}^{\cdots}$$

가장 아래쪽에 있는 x의 오른쪽 위에 놓인 x들도 $f(x)$가 되므로

$$f(x) = x^{f(x)}$$

가 성립한다. 여기서 $f(x) = 2$라 하면 $2 = x^2$이므로 $x = \sqrt{2}$가 이를 만족한다. 따라서

$$2 = \sqrt{2}^{\sqrt{2}^{\sqrt{2}^{\sqrt{2}^{\sqrt{2}}}}}{}^{\cdots}$$

이다. $f(x) = 4$라 하면 $4 = x^4$이므로 $x = \sqrt{2}$가 이를 만족한다. 따라서

$$4 = \sqrt{2}^{\sqrt{2}^{\sqrt{2}^{\sqrt{2}^{\sqrt{2}}}}}{}^{\cdots}$$

이다. 그러므로

$$\sqrt{2}^{\sqrt{2}^{\sqrt{2}^{\sqrt{2}^{\sqrt{2}}}}}{}^{\cdots} = 2 = 4$$

이고, 양변을 2로 나누면 $1 = 2$다.

이러한 결과가 나온 이유는 $f(x)$의 치역에서 찾을 수 있다. 사실 $f(x)$의 치역은 $\dfrac{1}{e} \le f(x) \le e \,(= 2.718\cdots)$이므로 $f(x) = 4$는 얻을 수 없다. 따라서 $2 = \sqrt{2}^{\sqrt{2}^{\sqrt{2}^{\sqrt{2}^{\sqrt{2}}}}}{}^{\cdots}$가 성립해도 $4 = \sqrt{2}^{\sqrt{2}^{\sqrt{2}^{\sqrt{2}^{\sqrt{2}}}}}{}^{\cdots}$는 성립하지 않는다.

$f(x)$의 치역에 대해 알아보기 위해서 다음과 같이 생각해보자.

여기서부터는 조금 어려우니 **수학에 자신 있는 사람**만 도전해도 좋다.

그럼 $a^{a^{a^{a^{\cdots}}}}$ 의 역치의 상한을 알아보기 위해 두 함수 $y = a^x$과 $y = x$를 준비하자.

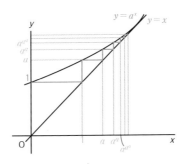

$(0, 1)$에서 두 그래프 사이를 왔다 갔다 하면서 앞으로 나아갔을 때 도착하는 곳이 $a^{a^{a^{a^{\cdots}}}}$ 의 극한이므로, 두 그래프의 첫 번째 교점, 즉 $x = a^x$의 작은 쪽 해는 $a^{a^{a^{a^{\cdots}}}}$ 가 수렴하는 곳이 된다.

즉 두 그래프가 $x > 0$에서 교점을 가질 때 $a^{a^{a^{\cdots}}}$ 는 수렴하고, 그러한 a의 상한은 $a \leq e^{\frac{1}{e}}$ 이 되므로, 치역의 상한이 e라는 것을 알 수 있다.

또한 $0 < a < \left(\dfrac{1}{e}\right)^e$ 일 때 $a^{a^{a^{\cdots}}}$ 는 수렴하지 않고 진동하는 것으로 알려져 있어서 엄밀하게 논의될 필요가 있다.

부정적분의 함정

(@TakatoraOfMath)

다음의 부정적분을 부분 적분하자.

$$
\begin{aligned}
I &= \int \frac{1}{x \log x}\, dx \\
&= \int (\log x)' \frac{1}{\log x}\, dx \\
&= \log x \cdot \frac{1}{\log x} - \int \log x \cdot \left\{ -\frac{1}{(\log x)^2} \right\} \cdot \frac{1}{x}\, dx \\
&= 1 + \int \frac{1}{x \log x}\, dx \\
&= 1 + I \\
\therefore I &= 1 + I
\end{aligned}
$$

양변에 $1 - I$를 더하면 1 = 2다.

여기서는 **절대로 잊어서는 안 되는 무언가**를 잊어버렸기 때문에 1 = 2라는 잘못된 결과가 도출되었다.

부정적분에서 절대로 잊어서는 안 되는 것, 벌써 눈치챈 사람도 있을 것이다. 바로 **적분 상수**다.

부정적분은 잠재적으로 상수만큼의 차이를 포함하는데, 그 상수만큼의 차이를 나타내는 것이 적분 상수다. 따라서 $I = 1 + I$ 라는 등식은 I 에 상수만큼의 차이가 포함되어 있기 때문에 올바른 식이 되지만, 그 후에 상수만큼의 차이를 포함한 I 를 양변에서 빼서 1 = 2라고 하는 것은 잘못이다.

$\tan x$로도 같은 식 변형을 할 수 있다.

$$I = \int \tan x \, dx$$

$$= \int \frac{\sin x}{\cos x} dx$$

$$= \int (-\cos x)' \frac{1}{\cos x} dx$$

$$= -\cos x \cdot \frac{1}{\cos x} + \int \cos x \cdot \frac{\sin x}{\cos^2 x} dx$$

$$= -1 + \int \tan x \, dx$$

$$= -1 + I$$

잊어버리기 쉽고 존재감이 약한 적분 상수 C 이지만, 잊어버리면 터무니없는 식이 성립되어버리는 때도 있다.

그러니 적분 상수를 놓치지 않도록 주의하자.

교대급수

(@sinon4k)

다음과 같이 정수의 역수를 교대로 더하고 뺀 수 A가 있다.

$$A = 1 - \frac{1}{2} + \frac{1}{3} - \frac{1}{4} + \frac{1}{5} - \frac{1}{6} + \cdots$$

여기서 더하는 순서를 바꾸면

$$\begin{aligned} A &= \left(1 - \frac{1}{2}\right) - \frac{1}{4} + \left(\frac{1}{3} - \frac{1}{6}\right) - \frac{1}{8} + \left(\frac{1}{5} - \frac{1}{10}\right) - \frac{1}{12} + \cdots \\ &= \frac{1}{2} - \frac{1}{4} + \frac{1}{6} - \frac{1}{8} + \frac{1}{10} - \frac{1}{12} + \cdots \\ &= \frac{1}{2}\left(1 - \frac{1}{2} + \frac{1}{3} - \frac{1}{4} + \frac{1}{5} - \frac{1}{6} + \cdots\right) \\ &= \frac{A}{2} \end{aligned}$$

가 되고, $A = \dfrac{A}{2}$ 이므로 1 = 2다.

이것은 위증 중에서 꽤 어려운 축에 속한다.

여우에게 홀린 듯한 기분이 드는 사람도 있을 것이다.

이 증명의 잘못된 점을 지적하기 위해서는 대학 수학 수준의 지식이 필요하다. **수학에는 '각 항의 절댓값의 합이 수렴하지 않는 급수의 덧셈 순서를 바꾸어서는 안 된다'는 규칙이 있다.**

이번 위증처럼 무한급수를 유한급수처럼 취급해 합하는 순서를 바꾸면 $1 = 2$라는 결론이 나오는 등 모순에 맞닥뜨릴 때가 있다.

이렇게 설명해도 납득이 안 되는 사람이 많을 것이다. 사실, 18세기 수학자들은 이 규칙을 알아차리기까지 매우 깊은 고민에 빠져 있었다.

우리가 평소에 사용하는 '유한 항 덧셈'의 규칙이 '무한 항 덧셈'에서는 통용되지 않는다는 정도로만 이해해도 좋다.

이번 경우에 A 는 $\log 2$ 라는 유한 값에 수렴하는데, 다음의 B 는 조화급수여서 무한대로 발산한다.

$$A = 1 - \frac{1}{2} + \frac{1}{3} - \frac{1}{4} + \frac{1}{5} - \frac{1}{6} + \cdots = \log 2$$

$$B = 1 + \frac{1}{2} + \frac{1}{3} + \frac{1}{4} + \frac{1}{5} + \frac{1}{6} + \cdots \to \infty$$

따라서 더하는 순서를 바꾼 것부터가 잘못이다.

참고로 각 항에 음수와 양수가 교대로 나오는 급수를 **교대급수**라고 하는데, A는 가장 유명한 교대급수인 **메르카토르 급수**다.

이 위증을 반대로 이용하면,

"B가 수렴한다고 가정하고 식 변형을 하면 1 = 2가 도출된다. 이는 모순이므로 귀류법에 의해 B는 발산한다"와 같이 B, 즉 조화급수가 발산한다는 것을 증명할 수 있다.

합이 수렴하는 급수 중에서 절댓값이 발산하는 A 같은 급수를 조건수렴급수라 하고, 절댓값도 수렴하는 급수는 절대수렴급수라 한다.

반복해서 말하지만 절대수렴급수는 합하는 순서를 바꾸어도 같은 값으로 수렴하고, 조건수렴급수는 합하는 순서를 바꾸면 다른 값으로 수렴한다.

복잡하고 까다로운 이야기다.

그렇다고 어렵기만 한 것은 아니다.

'조건수렴급수의 합하는 순서를 적절히 바꾸어서(즉 재배열해서) 그 급수를 자신이 원하는 실수로 수렴하도록 만들 수 있다'는 낭만적인 정리인 **리만 재배열 정리**라는 것도 있다.

내가 가장 좋아하는 정리다.♡

신기한 도형을
찾아라

사랑과 미움, 존경과 질투처럼 상반된 감정이나 태도가 공존하는 상태를 심리학에서는
'양가감정'이라 한다.
이 장에서는 무한과 유한이라는 상반된 두 상태가 하나의 도형에 동시에 존재하는 것을
구현한 양가적인 도형을 소개하겠다.
역설적으로 느껴지기도 하는 신기한 도형들의 세계를 기대해도 좋다.

멩거 스펀지

(@멩거)

다음의 스펀지를 보라.

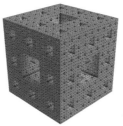

제공: Science Photo Library/アフロ

이것은 **멩거 스펀지**로, 일반적인 스펀지와는 다른 점이 있다.

겉넓이가 무한대인 것이다.

수분을 효율적으로 흡수하기 위해 식물의 뿌리에 뿌리털이 있듯이, 물이 닿는 표면적이 클수록 흡수력은 향상된다. 멩거 스펀지는 겉넓이가 무한대이므로 바닥에 엎질러진 물을 순식간에 흡수할 수 있다.

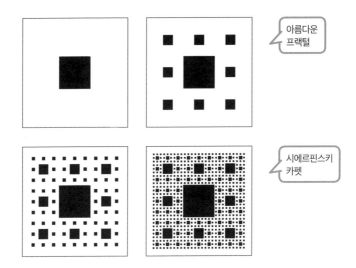

아름다운
프랙털

시에르핀스키
카펫

멩거 스펀지는 그림과 같이 네모난 구멍의 바깥쪽에 작은 구멍을 뚫고, 그 구멍의 바깥쪽에 또 작은 구멍을 뚫는 과정을 무한히 반복해 만들어진다. 따라서 스펀지 전체와 부분의 모양이 같은 **프랙털(자기유사성)** 도형이 된다.

이런 스펀지가 있다면 틀림없이 잘 팔릴 것이다!

…라고 생각할 법하지만 한 가지 큰 문제점이 있다. 구멍을 뚫을수록 부피는 0에 가까워지므로 영원히 구멍을 뚫는 작업을 반복한 멩거 스펀지는 3차원에 존재할 수 없다는 것이다.

따라서,

안타깝게도 이런 상품을 찾기란 불가능하다.

가브리엘의 나팔

(@토리첼리)

가브리엘의 나팔은 부피가 유한하고 겉넓이는 무한한 3차원 물체다.

그렇게 신비로운 특성 때문에 피리를 부는 대천사인 가브리엘의 이름이 붙었다. 최초로 이 도형을 발견한 이탈리아 수학자의 이름을 따서 **토리첼리의 트럼펫**이라고도 한다.

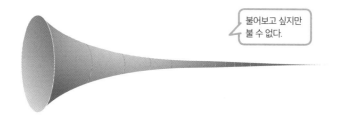

> 불어보고 싶지만
> 불 수 없다.

이 나팔은 부피가 유한하기 때문에 유한한 양의 페인트로 나팔 안을 채울 수는 있지만, 겉넓이가 무한하기 때문에 나팔의 표면에 **페인트를 칠하려면 페인트가 아무리 많아도 모자라다.**

부피가 유한하고 겉넓이는 무한하다는 설명을 들어도 어떤 모습일지 쉽게 상상이 되지 않는다.

그렇게 신기한 현상이 왜 일어나는지 수식을 통해 알아보자.

가브리엘의 나팔은 '$y = \dfrac{1}{x}$의 $1 \leq x$인 부분을 x축을 중심으로 회전시켜서 만든 도형'이라고 정의된다.

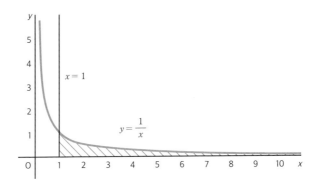

그럼 회전체의 부피 공식과 옆넓이 공식을 활용해 각각 계산해보자. 대학교 입학시험 수준의 수학 지식이 요구되므로 도전해보고 싶은 사람은 마음을 단단히 먹고 다음 설명을 읽어보기 바란다.

[회전체의 부피 공식과 옆넓이 공식]

$y = f(x)$, $x = a$, $x = b$, x축으로 둘러싸인 부분을 x축을 중심으로 회전시켜 만든 회전체의 부피 V와 옆넓이 S는 다음과 같다.

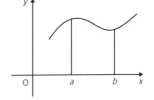

$$V = \pi \int_a^b \{f(x)\}^2 dx$$

$$S = 2\pi \int_a^b f(x)\sqrt{1 + \{f'(x)^2\}dx}$$

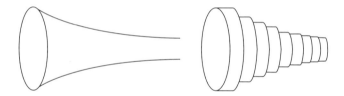

이 공식을 활용해 부피(나팔의 용적)를 구하면,

$$V = \pi \int_1^\infty \left(\frac{1}{x}\right)^2 dx = \lim_{n \to \infty} \pi \int_1^n \left(\frac{1}{x}\right)^2 dx = \lim_{n \to \infty} \pi \left(-\frac{1}{n} + 1\right) = \pi$$

이다. 이렇게 부피는 π 라는 유한한 값이 된다.

문제는 겉넓이다. 정말 겉넓이는 무한대로 발산할까?

겉넓이 S 는 공식에 따라 다음과 같다.

$$S = 2\pi \int_1^\infty \frac{1}{x} \sqrt{1 + \left(-\frac{1}{x^2}\right)^2} \, dx$$

나팔은 바깥쪽 면과 안쪽 면이 있지만 여기서는 한쪽 면만 고려한다.

이 식이 무한대로 발산함을 증명하기 위해 다음과 같이 생각해보자.

$$2\pi \int_1^\infty \frac{1}{x} \sqrt{1 + \overline{\left(-\frac{1}{x^2}\right)^2}} \, dx > 2\pi \int_1^\infty \frac{1}{x} \sqrt{1 + 0^2} \, dx$$

$$= 2\pi \int_1^\infty \frac{1}{x} \, dx = \lim_{n \to \infty} 2\pi \int_1^n \frac{1}{x} \, dx = \lim_{n \to \infty} 2\pi \log n \to \infty$$

정말 무한대로 발산하고 있다. 실제로 만들 수는 없지만 이 나팔이 **이론상으로는 존재할 수 있다는 것**은 믿기 힘든 사실이다.

정사각형의 넓이와 변의 길이의 합

(@유명한 문제)

'문제 13 1 = 2임을 보여라'의 WAY 6에서도 다루었듯이, 자연수의 역수의 합인 **조화급수**는 무한대로 발산한다는 것이 알려져 있다. 그렇다면 자연수를 제곱한 수인 제곱수의 역수의 합은 어떨까?

$$\sum_{k=1}^{\infty} \frac{1}{k^2} = \frac{1}{1^2} + \frac{1}{2^2} + \frac{1}{3^2} + \frac{1}{4^2} + \frac{1}{5^2} + \frac{1}{6^2} + \cdots = ?$$

이것이 유명한 난제 중 하나인 **바젤 문제**다.

사실 조화급수와 달리 바젤 문제는 2보다 작은 값으로 수렴한다. 그것은 다음과 같이 증명할 수 있다.

[**증명**]

$$\sum_{n=1}^{\infty} \frac{1}{n^2} = 1 + \sum_{n=2}^{\infty} \frac{1}{n^2} < 1 + \sum_{n=2}^{\infty} \frac{1}{n(n-1)} = 1 + \sum_{n=2}^{\infty} \left(\frac{1}{n-1} - \frac{1}{n} \right) = 2$$

하지만 정확히 어떤 값으로 수렴하는지 밝혀내는 것은 매우 어려운 일이었다.

얼마나 어려웠는지 1644년에 이 문제가 등장한 이래로 천재 수학자인 오일러가 풀기까지 100년 가까이 걸릴 정도였다.

오일러가 구한 답은

$$\sum_{n=1}^{\infty} \frac{1}{n^2} = \frac{\pi^2}{6}$$

이다(이것을 이용하면 원주율을 구할 수 있다).

$$\sum_{k=1}^{\infty} \frac{1}{k} = \frac{1}{1} + \frac{1}{2} + \frac{1}{3} + \frac{1}{4} + \frac{1}{5} + \frac{1}{6} + \cdots \to \infty$$

$$\sum_{k=1}^{\infty} \frac{1}{k^2} = \frac{1}{1^2} + \frac{1}{2^2} + \frac{1}{3^2} + \frac{1}{4^2} + \frac{1}{5^2} + \frac{1}{6^2} + \cdots = \frac{\pi^2}{6}$$

마지막으로 이 두 가지 급수를 사용해 재미있는 도형을 만들어보자. 먼저 한 변의 길이가 $\frac{1}{k}$ 인 정사각형을 왼쪽에서부터 순서대로 나열한 도형을 떠올리자.

넓이는 $\sum_{k=1}^{\infty} \frac{1}{k^2}$ 이므로 $\frac{\pi^2}{6}$ 인데, 둘레는 $2 + 2\sum_{k=1}^{\infty} \frac{1}{k}$ 로 표현할 수 있으므로 발산한다.

즉 넓이는 유한한데 둘레는 무한한, 신기한 도형이 되는 것이다.

만실인 무한 호텔에
빈방을 만들어라

'무한'이라는 개념이 등장한 당시에는 무한이 무엇인지 명확하게 설명할 수 있는 사람이 없었다. 독일 수학자 힐베르트는 무한이라는 개념을 이해하는 것이 얼마나 어려운지 보여주기 위해 '무한 호텔'이라는 유명한 사고 실험을 시행했다.

이 장은 사고 실험을 소개하는 것으로 시작하겠다. 이제부터 펼쳐질 무한의 세계를 기대하기 바란다.

어느 마을에 무한 호텔이라는 곳이 있었다. 무한 호텔이란 말 그대로 객실이 무한히 많은 호텔이다. 어느 날, 무한 호텔에 무한 명의 손님이 묵으면서 모든 객실이 차게 되었다. 그런데 한 남자가 찾아와 빈방이 있는지 물었다.

호텔 지배인은 잠깐 고민하다가 다음과 같은 방법을 찾았다.

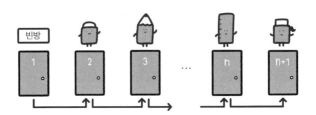

1호실 손님을 2호실로 옮기고, 2호실 손님은 3호실로, 3호실 손님은 4호실로, 4호실 손님은 5호실로, n호실 손님은 $n + 1$호실로 옮겼다.

그러자 1호실은 빈방이 되어서 남자는 무사히 호텔에 묵을 수 있었다.

객실이 100개밖에 없는 유한 호텔이라면 이러한 방법은 통하지 않는다. 왜냐하면 99호실의 손님이 100호실로 이동할 수는 있어도 100호실의 손님은 존재하지도 않는 101호실로 이동할 수 없기 때문이다.

하지만 무한 호텔이라면 가능하다. 객실이 무한하므로 n이 어떤 수이더라도 호실의 손님이 이동할 $n + 1$호실이 존재하기 때문이다.

다시 말해, 무한 호텔에서는 $\infty = \infty + 1$이 성립하기 때문에 이러한 방법이 통한다.

또 다른 어느 날, 무한 호텔에 무한 명의 손님이 묵으면서 모든 객실이 차게 되었는데, 승객 100명을 태운 버스가 호텔 앞에 서더니 빈방이 있는지 물었다.

호텔 지배인은 잠깐 고민하다가 다음과 같은 방법을 찾았다.

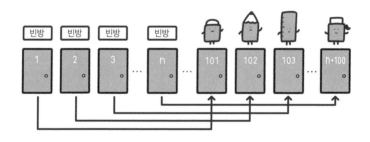

1호실 손님을 101호실로 옮기고, 2호실 손님은 102호실로, 3호실 손님은 103호실로, 4호실 손님은 104호실로, n 호실 손님은 $n + 100$호실로 옮겼다.

그러자 1호실부터 100호실까지가 빈방이 되어서 100명의 단체 손님은 무사히 호텔에 묵을 수 있었다.

이것도 앞서 말한 것과 마찬가지로, $\infty = \infty + 100$이 성립하기 때문에 통하는 아이디어다.

무한 명이 탑승함

또 다른 어느 날, 무한 호텔은 언제나처럼 만실이었는데, 무한 명의 승객을 태운 버스가 호텔 앞에 서더니 빈방이 있는지 물었다.

호텔 지배인은 잠깐 고민하다가 다음과 같은 방법을 찾았다.

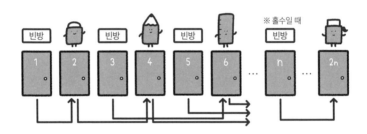

1호실 손님을 2호실로 옮기고, 2호실 손님은 4호실로, 3호실 손님은 6호실로, 4호실 손님은 8호실로, n 호실 손님은 $2n$ 호실로 옮겼다. 즉 손님들은 자신이 투숙한 방 번호의 2배인 호실로 이동한 것이다. 그러자 $1, 3, 5, 7, 9, \cdots, 2n-1,$ $\cdots$호실, 즉 홀수 호실이 빈방이 되었다.

m번째로 버스에서 내린 사람을 $2m - 1$호실로 보내면 버스를 타고 온 무한 명의 승객 전원이 호텔에 묵을 수 있다.

간단히 말해, $\infty = 2 \times \infty$ 가 성립하기 때문에 통하는 아이디어다.

문제는 여기서부터다.

또 다른 어느 날, 여느 때와 마찬가지로 무한 호텔은 만실이었는데, 무한 명의 손님을 태운 무한 대의 버스가 호텔 앞에 서더니 빈방이 있는지 물었다.

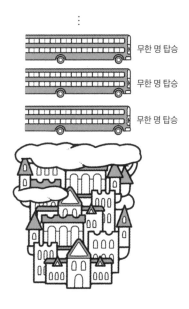

이런 경우라면 호텔 지배인도 깊은 고민에 빠질 것이다. 당신이라면 어떻게 하겠는가?

LEVEL ★★★

WAY **1**

소인수 분해의 유일성

(@유명한 문제)

① 현재 묵고 있는 사람들의 방 번호를 n 이라 하고 n 호실 손님을 2^n 호실로 옮긴다.

② 각 버스에는 3, 5, 7, 11, 13,…이라고 2를 제외한 소수로 번호를 붙인다.

③ 각 버스의 승객에게는 1, 2, 3,…이라고 자연수로 번호를 붙인다.

④ 버스 승객을 (버스 번호)$^{(자신의 번호)}$ 호실로 배정한다.

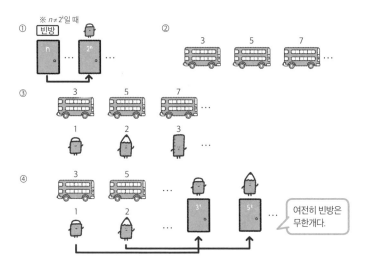

이 방법에서는 **소인수 분해의 유일성**이라는 산술의 기본 정리를 활용해 버스 승객 모두를 호텔에 수용할 수 있었다. **소인수 분해의 유일성이란 2 이상의 어떤 자연수는 소수의 곱으로 나타낼 수 있는데 그 표현 방법은 유일하다는 정리다.**

중학교, 고등학교에서는 이 정리가 성립하는 것이 당연하다는 식으로 가르치는 경우가 많은데, 이는 당연한 것이 아니라 정수의 중요한 성질이다. 정수에서 복소수로 확장된 세계에서는 유일성이 성립되지 않는 경우도 있다.

소수의 거듭제곱은 다른 소수의 거듭제곱과 같은 수가 되지 않는다는, 당연해 보이지만 당연하지 않은 근거를 바탕으로 이번 방법이 성립한다.

또한 6이나 12처럼 여러 개의 소수를 소인수로 가지는 합성수가 방 번호인 객실은 모두 빈방이 되므로, 무한 명이 탑승한 무한 대의 버스의 모든 승객에게 방을 배정하더라도 빈방의 수는 여전히 무한개다.

룸서비스를 제공하는 호텔 입장에서는 대부분의 객실이 빈방인 것이 반가운 일은 아닐 것이다.

WAY 2

정렬한 후 번호 붙이기

(@Shosha_11235)

① 현재 n 호실에 묵고 있는 사람을 $2n$ 호실로 보낸다.

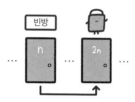

② ①에 의하면 홀수 번호 방이 무한개 비는데, 그 빈방에 새롭게 1, 2, 3,⋯이라고 번호를 붙인다.

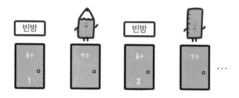

③ 버스의 승객을 다음 그림과 같이 줄 세운다.

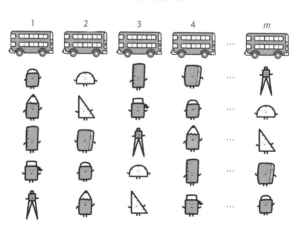

④ ③의 승객에게 다음 그림과 같이 왼쪽 위부터 번호를 붙이고, 해당하는 번호의 객실로 보낸다.

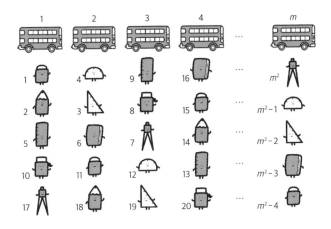

수식으로 나타내면, m호차 버스에 탄 n번째 승객은

(i) $n \leq m$ 일 때 $m^2 - n + 1$

(ii) $n > m$ 일 때 $(n-1)^2 + m$

인 번호의 객실에 가면 되는 것이다.

이때 m 호차 버스에 탄 n번째 승객은 딱 하나의 방을 배정받는데, 반대로 말하면 어떤 자연수 호실의 방에는 딱 한 사람만이 묵게 되는 것이다. 이를 **전단사**라고 한다.

빈방을 만들지 않고 손님을 모두 수용했으므로 호텔 입장에서는 관리하기가 수월하고, 아이디어를 낸 호텔 직원은 매우 꼼꼼한 사람이라고 평가받을 수 있다.

하지만 사람들을 줄 세울 때 무한한 공간이 필요하므로 그 점이 걸림돌로 작용한다.

문자열 부여

(@GoogologyBot)

① 버스를 1호차, 2호차, 3호차,…라 하고, 편의상 호텔을 0호차라 한다.

② m 호차 버스에 탄 n 번째 승객에게 '010101…010000…00'이라고 문자열을

부여한다.

단, 이 문자열은 01이 m 개 연속으로 나온 후에 0이 n 개 연속으로 나열된

것이다.

③ 문자열의 길이가 짧은 승객부터 차례대로 줄을 세우는데, 길이가 같은 경우

에는 사전 순서를 따른다.

그러면 전체 승객이 한 줄을 이루므로 그 순서대로 호텔에 들여보낸다.

복잡하게 정체를 이루던 버스 안에서 혼잡하게 섞여 있던 승객들을 깔끔하게

한 줄로 정렬시키는 방법이다.

이 방법은 문자열을 부여하는 방식을 연구함으로써 무한 명이 탑승한 무한 대

의 버스가 무한 세트 오더라도 대응할 수 있다는 점에서 대단하다.

이렇게 멋진 해결책을 생각해낸 사람은 유능한 직원으로서 틀림없이 채용될

수 있을 것이다.

무한 명의 손님을 받았으니 월급도 무한대로 받을 수 있지 않을까?

엄청나게
큰 수를 만들어라

인간이란 무엇이 되었든 큰 것을 좋아하는 법이다. 많은 아이들이 거대한 로봇을 갖고 싶어 하고, 구약성서에는 인간이 하늘에 닿는 거대한 탑을 만들어 신의 노여움을 산다는 바벨탑 이야기가 나온다.

지금 이 순간에도 세계 각지에서 초고층 빌딩이 지어지고 있는데, 여러 나라들이 빌딩의 높이로 자신들의 경제력을 과시하고자 한다.

그런 현상은 수학에서도 발견된다. 큰 수를 동경하는 것은 자연의 섭리라고도 할 수 있다. 세상에는 큰 수에 매료된 사람이 많다. 그들은 인류가 지금까지 본 적이 없는 큰 수를 찾으며 무한히 이어지는 수직선 위를 달리고 있다. 말하자면, '수 여행자'인 셈이다.

이 장에서는 수 여행자의 마음으로 우리 조상들이 밝혀낸 다양한 큰 수를 알아보자.

※ 참고로 무한은 '수'가 아니라 '개념'이므로 이번 문제에서는 다루지 않는다.

> **문제**
> **16 엄청나게 큰 수를 만들어라**

LEVEL ★★

WAY 1

큰 수

(@유명한 문제)

1

10

100

1000

> 바벨탑에 오르듯이 큰 수를 순서대로 나열해보았다.

10^4	$= 10000$
	… 현재 일본에서 쓰이는 가장 큰 단위의 화폐인 1만 엔 권
10^{14}	$= 100000000000000$
	… 100조 엔 ≒ 일본의 1년 국가 예산
10^{16}	경
6.02×10^{23}	아보가드로 상수
	0.012kg의 탄소(^{12}C)에 들어 있는 원자의 수
10^{60}	나유타
10^{63}	우주를 메우는 데 필요한 모래알의 수(고대 그리스 수학자인 아리스타르코스가 추정한 상한값)
10^{64}	불가사의
10^{68}	무량대수

4.4×10^{360783} 무한 원숭이 정리에서 『햄릿』이

완성되기까지 입력하는 문자 수

※ 원숭이가 무한히 오랜 시간 동안 무작
위로 키보드를 두드리면 언젠가는 셰익
스피어의 작품이 작성된다는 정리

$2^{82589933} - 1$ 2021년 현재까지 알려진 가장 큰 메르센 소수

$10^{7 \times 2^{122}}$ 불가설불가설전

… 불경에 나오는 가장 큰 수

$10^{10^{10^{122}}}$ 물리학자가 추정한 우주 전체의 크기(단위는 광년이든 미터든 상관없

다. 우주는 너무 크기 때문에 그 정도 차이는 무시할 수 있는 수준이다.)

$10 \uparrow\uparrow 10$ 덱커(Decker)

↑는 크누스
윗화살표 표기

$3 \uparrow\uparrow\uparrow 3$ 트리트리(Tritri)

⋮

상상도 할 수 없을 정도의 차이

⋮

g_{64} 그레이엄 수… 수학의 증명에서 사용된 수로, 기네스북에 오른

가장 큰 수

지수함수

(@유명한 문제)

지수함수란 'a를 b번 곱한다'는 조작을 a^b('a의 b제곱'이라고 읽는다)으로 나타낸 것이다.

$$a^b = \underbrace{a \times a \times a \times a \times \cdots \times a}_{b개}$$

a와 b의 조합에 따라서 큰 수를 나타낼 수 있는데, 이른바 '천문학적인 숫자'는 모두 지수함수로 표현할 수 있다.

[지수함수의 예]

일반적인 복사용지(두께 0.09mm)를 n번 접었을 때의 두께 t[mm]는 다음과 같다.

n [회]	0	1	2	3	4	5	6
t [mm]	0.09	0.18	0.36	0.72	1.44	2.88	5.76

이것을 식으로 나타내면

$$t = 2^n \times 0.09[\text{mm}]$$

로, 지수함수 2^n이 등장한다.

$n = 0$일 때 0.09mm 　복사용지

$n = 10$일 때 9.2cm 　엽서의 가로 길이

$n = 14$일 때 1.47m 　사람의 키

$n = 19$일 때 47.2m 　뵤도인호오도(세계문화유

산으로 등재된 교토의 불교 사

찰 – 옮긴이)의 폭

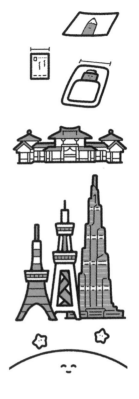

$n = 22$일 때 377m 　도쿄 타워(333m)

$n = 23$일 때 755m 　도쿄의 스카이 트리(634m)

$n = 24$일 때 1510m 　두바이의 부르즈 할리파

(829.8m)

$n = 31$일 때 193km 　지상에서 우주까지의 거리

(100km)

$n = 42$일 때 395824km 지구와 달 사이의 거리

(약 384400km)

즉 평범한 복사용지도 42번 접으면 달까지 닿는 것이다. 이렇게 무서운 속도로 커지는 현상을 **지수함수의 폭발성**이라고도 표현한다.

관측 가능한 우주의 크기도 지수함수로 나타낼 수 있는데, 1.0×10^{27}m다. 누구나 한 번쯤 들어보았을 법한 **무량대수**는 10^{68}이다.

그것보다 더 큰 수를 표현하고 싶다면 **합성함수**라는 개념을 활용해보자. 합성함수란 함수에 함수를 대입해 정의된 새로운 함수로, 지수함수에 지수함수를 대입하면 다음과 같다. 이는 'a의 (b의 c제곱) 제곱'이라고 읽는다.

$$a^{b^c}$$

합성함수는 오른쪽부터 계산하는 것이 규칙이므로, 예를 들면

$$2^{3^2} = 2^9 = 512$$

와 같다.

불경에 기록된 수사 중 가장 큰 것은 불가설불가설전 $10^{7 \times 2^{122}}$이다.

그것보다 더 큰 수를 구하고 싶다면 몇 번 더 합성해보자.

$a^{a^{a^{a^{a^{a^{a^a}}}}}}$

(a의 a의 a의 a의 a의 a의 a의 a제곱제곱제곱제곱제곱제곱제곱)

소리 내어 읽는 것조차 어렵다.

이 정도 수준이 되면 크기에 대한 인간의 감각으로는 따라가기 힘들어진다.

예를 들어 a^{a^b}은 a^b에 비해서 매우 크기 때문에, a^{a^b}에 비하면 a^b은 무시해도 되는 수라고 하자.

이때 $c = a^{a^{a^b}}$ 이라 두고, c^c을 구해보자.

$$c^c = \left(a^{a^{a^b}}\right)^{a^{a^{a^b}}} = a^{\left(a^{a^b} \times a^{a^{a^b}}\right)} = a^{a^{\left(a^b + a^{a^b}\right)}} \fallingdotseq a^{a^{a^{a^b}}} = a^c$$

즉 $a \fallingdotseq c = a^{a^{a^b}}$ 이라는 결과로 이어지고 만다.

이렇게 현실적으로 계산 불가능한 수준의 수치를 연구할 때 크기에 대한 인간의 감각은 믿을 수 없다. 이러한 사실을 **지수 타워의 역설**이라고 표현한다.

테트레이션

(@유명한 문제)

곱셈은 덧셈의 반복으로 정의할 수 있다.

$$a \times b = \underbrace{a + a + \cdots + a + a}_{b개}$$

그리고 **거듭제곱(지수함수)**은 곱셈의 반복으로 정의할 수 있다.

$$a^b = \underbrace{a \times a \times \cdots \times a \times a}_{b개}$$

앞서 지수함수를 이용하면 우주보다 큰 수를 얻을 수 있다고 했다.

그러한 지수함수로도 표현이 불가능한 큰 수를 나타내고 싶은 경우에는 **크누스 윗화살표 표기법**을 활용하면 편리하다.

크누스 윗화살표 표기법에 따르면

$$a^b = a \uparrow b$$

라고 쓸 수 있다. 거듭제곱을 반복할 때 쓸데없이 공간을 차지하지 않도록 하기 위해서 사용되는 방법이다. 그리고 다음과 같이 **테트레이션**이라는 연산을 정의한다.

테트레이션은 화살표 2개로 표현되며 **거듭제곱의 반복**으로 정의된다.

$$a \uparrow\uparrow b = \underbrace{a \uparrow a \uparrow \cdots \uparrow a \uparrow a}_{b개} = \underbrace{a^{a^{\cdot^{\cdot^{a^a}}}}}_{b개}$$

계산은 오른쪽에서부터 해야 한다는 규칙이 있다.

(예)

$$2 \uparrow\uparrow 3 = 2 \uparrow 2 \uparrow 2 = 2 \uparrow 4 = 16$$
$$2 \uparrow\uparrow 4 = 2 \uparrow 2 \uparrow 2 \uparrow 2 = 2 \uparrow 2 \uparrow 4 = 2 \uparrow 16 = 65536$$

테트레이션을 통해 지수함수로는 구할 수 없는 수준의 큰 수를 구할 수 있다.

게다가 $7^{7^{7^{7^{7}}}}$ 이라고 쓰는 것보다 $7 \uparrow\uparrow 6$ 이라고 쓰는 편이 간단하고 공간도 적게 차지한다.

참고로 우주의 크기 $10^{10^{10^{122}}}$ 은 $10 \uparrow\uparrow 4$ 보다 크고 $10 \uparrow\uparrow 5$ 보다 작다. $10 \uparrow\uparrow 5$ 보다 훨씬 큰 $10 \uparrow\uparrow 10$ 은 **덱커(Decker)**라고 한다.

그렇다면 테트레이션으로도 표기할 수 없는 수준의 큰 수를 얻으려면 어떻게 해야 할까?

답은 의외로 간단하다. 그렇다. 테트레이션을 반복하면 된다.

$$a \uparrow\uparrow\uparrow b = a \uparrow\uparrow a \uparrow\uparrow \cdots \uparrow\uparrow a \uparrow\uparrow a$$

이를 **펜테이션**이라 하며 화살표 3개로 표현한다. 테트레이션과 마찬가지로 오른쪽부터 순서대로 계산한다. 다음과 같이 화살표 수를 더 늘릴 수도 있다.

$$a \uparrow\uparrow\uparrow\uparrow b = a \uparrow\uparrow\uparrow a \uparrow\uparrow\uparrow \cdots \uparrow\uparrow\uparrow a \uparrow\uparrow\uparrow a$$

$$a \uparrow\uparrow\uparrow\uparrow\uparrow b = a \uparrow\uparrow\uparrow\uparrow a \uparrow\uparrow\uparrow\uparrow \cdots \uparrow\uparrow\uparrow\uparrow a \uparrow\uparrow\uparrow\uparrow a$$

$$a \uparrow\uparrow\uparrow\uparrow\uparrow\uparrow b = a \uparrow\uparrow\uparrow\uparrow\uparrow a \uparrow\uparrow\uparrow\uparrow\uparrow \cdots \uparrow\uparrow\uparrow\uparrow\uparrow a \uparrow\uparrow\uparrow\uparrow\uparrow a$$

이 정도가 되면 화살표를 일일이 그리는 것도 힘들어지므로 연속된 n개의 ↑를 $\uparrow^n$으로 나타내기로 한다.

$$a \uparrow^n b = a \uparrow^{n-1} a \uparrow^{n-1} \cdots \uparrow^{n-1} a \uparrow^{n-1} a$$

그야말로 이것은 상상을 초월한 수다. 우주보다 훨씬 크기 때문에 무엇에도 비유할 수 없다.

현대 큰 수의 아버지라 불리는 미국의 큰 수 연구자 조너선 바우어스는

"10 $\uparrow\uparrow\uparrow\uparrow\uparrow\uparrow\uparrow\uparrow\uparrow\uparrow$ 10보다 큰 수는 무한은 아니지만 무한에 가깝다."

라고 했다. 하늘에 닿을 듯한 고층 빌딩을 마천루(skyscraper)라고 하듯이 10 $\uparrow\uparrow\uparrow\uparrow$ $\uparrow\uparrow\uparrow\uparrow\uparrow\uparrow$ 10보다 큰 수를 '무한 스크래퍼(infinityscraper)'라고 표현하기도 한다.

그레이엄 수

(@그레이엄)

그레이엄 수란 미국의 수학자 로널드 그레이엄이 램지 이론에 관련된 논문을 쓸 때 사용한 수로, 큰 수 분야에서는 매우 유명하다.

이 수는 **'수학의 증명에서 사용된 가장 큰 수'**로서 **기네스북**에 올랐다(현재 가장 큰 수 기록은 경신되었지만 기네스북에 등재되지는 않았다).

이 수가 사용된 과정을 이해하려면 전문적인 수학 지식이 필요한데, 여기까지 읽어온 독자들을 위해 그레이엄 수의 정의만 소개하고자 한다.

앞서 ↑를 n개 늘어놓은 형태의, 증가 속도가 무서울 정도로 빠른 함수 $a\uparrow^n b$ 에 대해 알아보았다.

그레이엄 수는 이 함수를 반복 사용해 정의된다.

$$g_0 = 4$$

$$g_1 = 3\underbrace{\uparrow\uparrow\uparrow\uparrow}_{g_0}3$$

$$g_2 = 3\underbrace{\uparrow\uparrow\cdots\uparrow\uparrow}_{g_1}3$$

$$g_3 = 3\underbrace{\uparrow\uparrow\uparrow\cdots\uparrow\uparrow\uparrow}_{g_2}3$$

$$g_4 = 3\underbrace{\uparrow\uparrow\uparrow\uparrow\cdots\uparrow\uparrow\uparrow\uparrow}_{g_3}3$$

$$\vdots$$

$$g_{m+1} = 3\underbrace{\uparrow\uparrow\uparrow\uparrow\uparrow\cdots\uparrow\uparrow\uparrow\uparrow\uparrow}_{g_m}3$$

이때 g_{64}가 그레이엄 수다. 기네스북에 올라 있는 만큼, 윗화살표로 그리는 것마저 힘들 정도인 어마어마한 크기에 압도될 것만 같다.

그레이엄은 어떤 미해결 문제의 해를 구하면서 그 해가 그레이엄 수보다 작다는 것을 증명했다.

하지만 사실 2021년 현재, 그레이엄 수보다 큰 수는 많이 발견되었다.

큰 수를 찾는 일은 수학의 긴 역사와 비교했을 때 꽤 최근에 주목받기 시작한 분야다.

큰 수에 관심이 생겼다면, 전 세계의 큰 수 연구자들과 함께 수를 찾는 끝없는 모험을 떠나보는 것은 어떨까?

수학의 거짓말

데이터 자체에 손을 대지 않더라도 보여주는 방식을 바꿈으로써 인상을 조작할 수 있다. 여기서는 수학을 활용해 착각을 일으키는 사례를 소개하겠다.

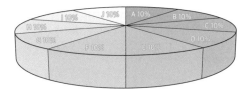

 잘 알려져 있듯이, 3D 그래프처럼 입체적인 그래프를 위에서 비스듬히 내려다보면 앞쪽 항목이 커 보인다.

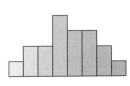 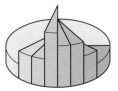

 위의 그림은 @1Hassium의 아이디어다. 옆에서 보면 막대그래프 같지만, 사실은 입체 그래프이므로 실제 비율과 완전히 다르다. 시점에 따라서 그래프가 다르게 보이는 예다.

 수학을 이용해 거짓말을 하는 방법은 이것 말고도 아주 많다. 하지만 모두 소개하기에는 '여백이 부족하다.' 여기까지 읽은 여러분은 이제 어엿한 '수학 마니아'의 일원이다. 그러니 수학을 이용한 거짓말에는 어떤 것들이 있을지 스스로 생각해보기 바란다!

이럴 수가… 굉장한 세계를 엿본 것 같아요. **'해답이 무수히 많다'**는 말이 이런 뜻이었군요.

점장

잇군

그렇습니다! 수학이 얼마나 재미있는 것인지 많은 사람들이 알아주기 바라는 마음으로 고등학교 1학년 때부터 활동을 시작했어요. 스마트폰으로 트위터에 글을 올리면서요.

우와! 정말이요? 요즘 시대에 어울리네요! **스마트폰 하나로 수학에 대한 애정을 널리 퍼뜨린다는 게!**

점장

잇군

몸 둘 바를 모르겠어요(웃음).
고등학교에서 푸는 수학 문제는 보통 답을 얻는 방법이 하나로 정해져 있는데, 사실 푸는 방법은 많거든요. 고등학생이었던 저는 무수한 해법이야말로 수학의 묘미라는 걸 깨달았어요. 그래서 수학 대회를 시작한 것이고요.
이 책에서 소개한 '수학 문제'에는 '정답이 없다'라고 생각해요. 하나의 문제에 대한 해법이 여러 가지라는 사실을 전해주고 싶었어요.

점장

이 책에서 소개한 답 외에도 다른 답이 더 있다는 뜻이죠?

잇군

물론입니다! 다양한 답이 있으니까 수학이 사람들의 상상력을 자극하고 창의력을 길러주는 것이라고 생각해요.
이 책을 읽어주신 독자 여러분도 각 문제에 대해서 자신만의 답을 연구해보시기 바랍니다.

스스로 정답이라고 생각한다면 그게 정답이에요.
(물론 수학적인 근거는 있어야 하죠.)

그건 피식 웃음이 나오는 재치 있는 답일 수도 있고, 우아하고 아름다운 답일 수도 있어요.
그러니 자신만의 답을 찾아보시기 바랍니다.

그러면서
'정해진 답이 없는 수학'의 매력을 마음껏 즐겨보세요.

우리와 함께 수학으로 세상을 즐겁게 만들어봅시다!

〔 감사의 글 〕

수학을 사랑하는 모임은 2017년 고등학생이었던 제가 트위터에 혼자 글을 올리던 것에서 시작되었습니다. 처음에는 아무도 관심을 가져주지 않았지만 부족한 저를 응원하고 함께 즐거워해주는 동료들이 조금씩 늘어났습니다. 그분들 덕분에 수학을 사랑하는 모임은 지금처럼 성장했고 책까지 출간될 수 있었습니다.

모임을 시작하고 나서 4년 동안 여러 활동을 해왔습니다. 유명한 수학 토픽을 게시하는 것뿐만 아니라, 자신만의 연구 결과를 온라인에 발표하기, 직접 만든 모의고사 실시하기, 학원보다 빨리 대입 시험 답안지 만들기, 여름 수학 축제 개최하기, 대기업 광고에 수학 접목하기 등 분야도 다양했죠. 이렇게 수학계 구석구석에 활기를 불어넣어왔지만, 수학을 좋아하지 않는 사람들까지 흥미를 가지게 만드는 것은 역시나 매우 어려운 과제였습니다. 수학을 좋아하는 사람과 수학과는 거리가 먼 사람들이 모두 즐길 수 있는 콘텐츠를 열심히 궁리해본 결과, 수학 대회가 열리게 되었습니다.

화제성이 높은 일상적인 문제를 선별해 트위터에 올렸으므로 수학에 관심이 없는 사람들에게도 수학 문제가 전해질 수 있었습니다(물론 수학을 아주 좋아하는 사람들을 위한 문제도 중요시했고요). 또한 트위터를 활용했기에 누구나 수학 대회에 참가할 수 있었고, 덕분에 다양한 사람들에게서 생각지도 못한 아이디어를 얻을 수 있었습니다. 문제를 낼 때는 '이런 답이 있을 거야'라고 예상해보지만, 매번 상상도 못한 답에 놀라면서 저 또한 배우고 있습니다.

4년 전에는 트위터 팔로워가 0명이었던 저를, 지금은 약 9만 명이나 되는 분들이 팔로우해주고 있고, 많은 사람들에게 수학의 즐거움을 전파하겠다는 소명은 부족하나마 순조롭게 이뤄지는 중이라 말할 수 있습니다. 하지만 4년 동안 활동하면서 얻은 것 중 가장 소중한 것을 꼽아보자면, 평범하게 살았다면 평생 만날 일이 없었을 사람들을 알게 된 것입니다. 수학을 사랑하는 모임의 회원들과 수학 대회 참가자들은 물론, 이 책을 선택한 독자 여러분들까지도 말입니다.

이 책을 읽으면서 '수학도 꽤 재밌잖아?!' 하고 한 번이라도 느끼셨다면 저자로서 그보다 기쁜 일은 없을 것입니다. 여기까지 읽어주셔서 정말 감사합니다!

이 책을 기획하면서 많은 분들의 도움을 받았습니다. 글을 싣는 것을 허락해주신 트위터 계정을 다시 한 번 소개하며 감사한 마음을 전합니다.

@potetoichiro, @tanishi_0, @asunokibou, @Yugemaku, @dannchu, @aburi_roll_cake, @IK27562928, @KaDi_nazo, @StandeeCock, @arith_rose, @con_malinconia, @Natootoki, @pythagoratos, @rusa6111, @828sui, @biophysilogy, @Arrow_Dropout, @sou08437056, @logyytanFFFg, @CHARTMANq, @heliac_arc,

@card_board1909, @iklcun, @constant_pi, @apu_yokai, @opus_118_2, @MarimoYoukan03, @yasuyuki2011h, @toku51n, @nekomiyanono, @fukashi_math, @ugo_ugo, @kiri8128, @Keyneqq, @TakatoraOfMath, @sinon4k, @Shosha_11235, @GoogologyBot, @1Hassium

(2021년 6월 시점)

수학 대회에 참가해주신 많은 분들. 여러분이 함께해주신 덕분에 수학 대회가 활기를 띨 수 있었습니다. 채택되지 않은 답변도 모두 기쁜 마음으로 읽고 있습니다.

수학을 사랑하는 모임의 게시글을 보고 계신 분들. 2019년 8월 '원을 3등분하기 대회'의 수상작을 발표했을 때 15만 건 이상의 '좋아요'를 받았습니다. 그로부터 2년. 지금까지 활동을 계속 이어갈 수 있었던 것은 모두 지켜봐주신 여러분 덕분입니다.

수학을 사랑하는 모임 회원들, 관리자인 동료 여러분. 함께하는 분들이 있기에 활동을 즐겁게 계속하며 여기까지 모임을 키울 수 있었습니다. 이 책을 기획하고 제작할 때도 많은 도움을 받았고, 여러분이 있었기에 코로나 시대에도 대학생활을 알차게 할 수 있었습니다. 언제나 응원해주셔서 감사하고, 앞으로도 잘 부탁드립니다.

마지막으로 이 책을 제작하는 데 함께해주신 여러분. 이 책을 제안해주신 편집자 쓰노다 님. 게으른 제가 책을 낼 수 있었던 것은 단연 편집자의 뛰어난 능력 덕분입니다. 구성을 도와주신 점장님. 저의 서툰 원고를 재미있게 만들어주셔서 감사합니다. 어떤 일이든 척척 해내는 모습이 정말 멋있었습니다. 멋지고 귀여운 일러스트를 그려주신 STUDY, 본문 디자인을 해주신 OCTAVE를 포함해 교정과 제작에 참여해주신 모든 분들께 이 자리를 빌려 감사의 마음을 전합니다.

2021년 6월

수학을 사랑하는 모임 회장 잇군